《"中国制造 2025"出版工程》
编 委 会

"中国制造2025"
出版工程

"十三五"国家重点出版物
出版规划项目

射频识别系统设计及智能制造应用

任春年　王景景　曾宪武　著

化学工业出版社

·北　京·

内 容 提 要

本书主要围绕射频识别技术及其智能制造应用展开，内容涵盖射频识别的系统组成及服务、硬件设计、高频电路信号分析、天线设计与调制、网络安全及网络技术、射频识别与智能制造应用、射频识别在智慧物流和智慧仓储中的应用等。从器件到组网技术，再到智能生产应用案例，逐步深入地介绍射频识别技术，很好地体现了射频识别的实时性、可视化、可溯源三大技术特征。本书内容全面，结构清晰，案例新颖，具有很强的实操性。

本书可作为从事物联网开发和智能工业应用的工程研发人员（包括物联网系统架构师）的参考书，也可作为高等院校物联网工程类、通信电子类、计算机类、自动化工程类本科生和研究生的教材。

图书在版编目（CIP）数据

射频识别系统设计及智能制造应用/任春年，王景景，曾宪武著.—北京：化学工业出版社，2020.3
"中国制造2025"出版工程
ISBN 978-7-122-35679-6

Ⅰ.①射…　Ⅱ.①任…②王…③曾…　Ⅲ.①无线电信号-射频-信号识别　Ⅳ.①TN911.23

中国版本图书馆 CIP 数据核字（2019）第 278171 号

责任编辑：金林茹　张兴辉　　　　　　　装帧设计：刘丽华
责任校对：宋　玮

出版发行：化学工业出版社（北京市东城区青年湖南街 13 号　邮政编码 100011）
印　　装：北京科印技术咨询服务有限公司数码印刷分部
710mm×1000mm　1/16　印张 15¼　字数 283 千字　2021 年 1 月北京第 1 版第 1 次印刷

购书咨询：010-64518888　　　　　　　　售后服务：010-64518899
网　　址：http://www.cip.com.cn
凡购买本书，如有缺损质量问题，本社销售中心负责调换。

定　　价：98.00 元

序

制造业是国民经济的主体，是立国之本、兴国之器、强国之基。近十年来，我国制造业持续快速发展，综合实力不断增强，国际地位得到大幅提升，已成为世界制造业规模最大的国家。但我国仍处于工业化进程中，大而不强的问题突出，与先进国家相比还有较大差距。为解决制造业大而不强、自主创新能力弱、关键核心技术与高端装备对外依存度高等制约我国发展的问题，国务院于2015年5月8日发布了"中国制造2025"国家规划。随后，工信部发布了"中国制造2025"规划，提出了我国制造业"三步走"的强国发展战略及2025年的奋斗目标、指导方针和战略路线，制定了九大战略任务、十大重点发展领域。2016年8月19日，工信部、国家发展改革委、科技部、财政部四部委联合发布了"中国制造2025"制造业创新中心、工业强基、绿色制造、智能制造和高端装备创新五大工程实施指南。

为了响应党中央、国务院做出的建设制造强国的重大战略部署，各地政府、企业、科研部门都在进行积极的探索和部署。加快推动新一代信息技术与制造技术融合发展，推动我国制造模式从"中国制造"向"中国智造"转变，加快实现我国制造业由大变强，正成为我们新的历史使命。当前，信息革命进程持续快速演进，物联网、云计算、大数据、人工智能等技术广泛渗透于经济社会各个领域，信息经济繁荣程度成为国家实力的重要标志。增材制造（3D打印）、机器人与智能制造、控制和信息技术、人工智能等领域技术不断取得重大突破，推动传统工业体系分化变革，并将重塑制造业国际分工格局。制造技术与互联网等信息技术融合发展，成为新一轮科技革命和产业变革的重大趋势和主要特征。在这种中国制造业大发展、大变革背景之下，化学工业出版社主动顺应技术和产业发展趋势，组织出版《"中国制造2025"出版工程》丛书可谓勇于引领、恰逢其时。

《"中国制造2025"出版工程》丛书是紧紧围绕国务院发布的实施制造强国战略的第一个十年的行动纲领——"中国制造2025"的一套高水平、原创性强的学术专著。丛书立足智能制造及装备、控制及信息技术两大领域，涵盖了物联网、大数据、3D 打印、机器人、智能装备、工业网络安全、知识自动化、人工智能等一系列核心技术。丛书的选题策划紧密结合"中国制造 2025"规划及 11 个配套实施指南、行动计划或专项规划，每个分册针对各个领域的一些核心技术组织内容，集中体现了国内制造业领域的技术发展成果，旨在加强先进技术的研发、推广和应用，为"中国制造 2025"行动纲领的落地生根提供了有针对性的方向引导和系统性的技术参考。

这套书集中体现以下几大特点：

首先，丛书内容都力求原创，以网络化、智能化技术为核心，汇集了许多前沿科技，反映了国内外最新的一些技术成果，尤其使国内的相关原创性科技成果得到了体现。这些图书中，包含了获得国家与省部级诸多科技奖励的许多新技术，因此，图书的出版对新技术的推广应用很有帮助！这些内容不仅为技术人员解决实际问题，也为研究提供新方向、拓展新思路。

其次，丛书各分册在介绍相应专业领域的新技术、新理论和新方法的同时，优先介绍有应用前景的新技术及其推广应用的范例，以促进优秀科研成果向产业的转化。

丛书由我国控制工程专家孙优贤院士牵头并担任编委会主任，吴澄、王天然、郑南宁等多位院士参与策划组织工作，众多长江学者、杰青、优青等中青年学者参与具体的编写工作，具有较高的学术水平与编写质量。

相信本套丛书的出版对推动"中国制造 2025"国家重要战略规划的实施具有积极的意义，可以有效促进我国智能制造技术的研发和创新，推动装备制造业的技术转型和升级，提高产品的设计能力和技术水平，从而多角度地提升中国制造业的核心竞争力。

中国工程院院士　潘垚鹄

前言

　　物联网技术被认为是信息产业的一次革命。 在物联网中，物品能够彼此交流，其实质就是利用射频识别技术。 射频识别技术是电子产品代码技术的载体和完美体现者。 射频识别技术能够使商品实现唯一识别，使供应链具有实时监控、可追溯与追踪以及透明化管理的特点，而这正是供应链管理者多年来梦寐以求的技术。 物联网要实现全世界范围内物品的广泛物联，廉价且易用的电子标签是实现该目标的正确选择，因此可以说射频识别技术是物联网学科的核心，是构建物联网的技术基础。

　　如今射频识别技术已经在各个行业崭露头角，成为这些行业实现自动化、智能化的关键技术之一，其中部分行业涉及智能制造核心产业，例如电力、化工、交通、建筑等。 虽然射频识别技术在工业生产中有各种应用，但是因为物联网本身是一个构建在现有互联设备基础上的超级复杂的系统，且技术实现良莠不齐，行业规范也没有建立起来，所以射频识别技术还远远没有达到技术标准化的水平，在很多行业的应用尚停留在研究或者试验阶段，虽有工业应用也只是行业范例而已。

　　本书选取射频识别技术在代表性工业应用中的范例，解读本行业内技术的进展和应用前景，以期读者对射频识别系统在智能制造领域内的应用和发展前景，既有一定的认识，又能把握技术脉络。

　　本书前 3 章重点论述了射频识别技术和智能制造的背景意义，说明了适用于智能制造行业的射频识别系统的组成和工作原理，讨论了物联网中关于射频识别技术的三大网络服务。 第 4~6 章介绍了射频识别中核心电路设计、高频小信号分析方法以及射频识别中的天线理论。 第 7 章重点介绍物联网中形势越来越严峻的安全问题、安全策略和安全机制。 第 8 章重点介绍 5G 通信技术、MQTT 协议以及 NB-IoT 和 LoRa 两种物联网中的长距离局域网通信技术。 第 9 章和第 10 章分别给出射频识别在汽车生产领域、刀具管理领域和在智慧物流、智慧仓储中应用的实例。

本书内容很好地体现了射频识别技术的实时性、可视化、可溯源三大技术特征，从器件到组网技术，再到智能生产应用案例，逐步深入地介绍射频识别技术，逻辑清晰，技术全面，案例新颖，具有很强的实操性。

　　本书写作过程中，在配图和公式编辑方面得到王延凯、卢安民等的帮助，在此表示感谢。

　　由于射频识别技术和智能制造技术发展迅速，相关技术日新月异，而且协议标准化工作任重道远，距离完善尚有很远的距离，并且编者的水平有限，书中存在不当之处在所难免，敬请读者批评指正。

著者

目录

第1章

概述

　　物联网（Internet of Things，IoT）应用的浪潮正在席卷整个人类社会，在多个领域产生巨大的影响，并且将会在未来几年产生一个几万亿的巨大市场[1]。射频识别技术是物联网技术的核心，是能够满足万物互联要求的一项技术。其本质就是通过近距离无线通信技术和电子编码技术实现的一种用于物品识别的新技术。智能制造是正在发生的新工业革命，对生产力有巨大的提升作用。射频识别技术可为智能制造领域提供先进的物料、仓储管理，生产过程中的自动识别和分类以及产品的质量追溯技术，因而在智能制造中占有重要的地位[2]。

1.1　射频识别技术

　　射频识别（Radio Frequency Identification，RFID）利用无线射频通信技术自动识别和跟踪附着在物体上的电子标签。电子标签包含存储的信息，可分为被动式标签和主动式标签。被动式标签是从读写器发出的无线电波中收集能量，激活标签内部的电路，并反射信号。主动式标签有一个本地电源（如电池），可以在离射频识别阅读器几百米的地方工作。与条形码不同的是标签不需要在读卡器的视线范围内，因此它可以嵌入被跟踪的对象中。射频识别提供了一种优良的自动识别和数据捕获方法[3]。

　　本书从 RFID 的工作原理出发，分别从标签、天线、阅读器以及中间件四个构成 RFID 系统的部件展开描述，追踪各个部件的功能、作用以及工程实现的基本方法。结合 RFID 的相关标准，重点介绍 EPC、ISO（Gen2）标准[4]。射频识别是当前支持 EPC 物联网的最优方案。图 1-1 是一个简单 RFID 系统的功能模块。

　　相比较于其他的物联网识别系统，电子标签在识别速度和价格上占有很大的优势，因此为物联网的识别技术提供了最佳的选择。但我们也必须认识到，电子标签在安全性以及对环境的依赖性等方面存在缺陷。目前 RFID 已经成功应用到仓储、分拣、零售和生产等中，图 1-2 是 RFID 在仓储管理中的典型应用。

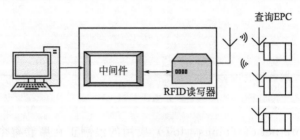

图 1-1 RFID 系统功能模块

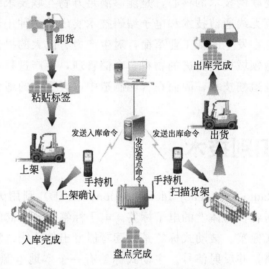

图 1-2 RFID 在仓储管理中的应用

　　射频识别系统是在 IC 卡内部电路基础上发展起来的新型识别系统，但 RFID 系统的读写器和应答器（射频标签）在能量供应以及通信方式上不同。RFID 系统通过无线的磁场或电磁场进行能量供应和通信，因而是一种非接触式的识别系统。

　　射频识别以电子标签标识物体，利用电磁波实现电子标签与读写器之间的通信（数据交换）。读写器自动或从上层服务器中接收指令完成对电子标签的读写操作，再把电子标签内的数据传送到服务器，服务器完成对物品信息的存储、管理和控制。由于标签数量一般是十分巨大的，所以服务器一般要维护一个大型的数据库，而对于标签较少的环境，读写器内部也可以维护一个较小的本地数据库。要依据实际系统的需求放置数据库。

　　电子标签（图 1-3）由外部天线和内部电路组成，电子标签的应用场合不同，外部天线与内部电路也不同。根据电子标签内部是否有电源，可将其分为无源（Passive）标签、半无源（Semi-passive）标签和有源（Active）标签三种类型。由于无源标签在价格和使用期限等方面有优势，因此，多数应用场合使用的是无源标签。

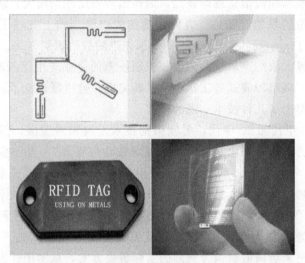

图 1-3　电子标签

　　射频识别技术近年来表现出了迅猛的发展态势，在多个应用领域起到了不可替代的作用。例如，企业管理中的人员、物料、仓储管理，产品的追踪溯源，物流领域内的自动分拣，农牧业中的自动识别，销售行业内的单品识别和自动结算，以及图书管理领域的图书存储和查找。又如，在工业生产过程中，附着在产品上的 RFID 标签可用于在装配线上跟踪进度；标签也可以用在商店中，以加快结账速度，并防止客户和员工盗窃。射频识别技术促成了当前蓬勃发展的物联网行业，RFID 标签正应用于更多的领域中。

　　射频识别技术在各个行业内蓬勃发展，使万物互联、万物感知逐渐成为现实，射频识别技术已经带动了一个庞大的市场。据悉 2020 年全球物联网连接数量将达到 200 亿～500 亿，RFID 作为物联网感知外界的重要支撑技术，近年来的发展有目共睹。预计到 2026 年，市场价值预计将上升至 186.8 亿美元。相关市场调研的专业报告显示，到 2025 年，中国 RFID 应用的市场价值将达到 43 亿美元。

1.1.1　射频识别技术的发展

　　尽管 RFID 技术正经历着前所未有的发展，但其基本原理，如调制后的后向散射，起源于几十年前。事实上，现代射频识别系统是基于第二次世界大战的身份识别系统的，身份识别系统旨在识别进入周边环境的敌友战机。20 世纪 30 年代后期的系统，也是现代射频识别系统的第一个版本，在 1939 年测试并投入运行，安装在响应特定频率的雷达脉冲的飞机上，接收独特的回波信号，其技术特征是随时间的推移回波信息逐渐叠加，因而信号幅度逐渐增大，从而达到能够准确识别对方身份的目的。随后，人们在最初的协议基础上发展了更为复杂的系统，形成了像 Transponder Mark Ⅲ 的更加先进的战机识别方式。

第二次世界大战结束后不久，射频识别技术的商业应用逐渐增多。1948 年，这一课题的第一项里程碑式的工作由哈里斯完成。哈里斯讨论了后向散射通信的基本理论，并提出了几种技术实现的模式。

20 世纪 50 年代和 60 年代，射频识别技术发展相对缓慢，但有关射频识别的想法和专利已发布，如哈里斯的"可锁定被动应答器"，进一步的理论研究由哈林顿于 1964 年提出[5]。然而，真正实用化的发明和开发集成是在 20 世纪 60 年代后期，射频识别技术大量地应用于日常生活中。集成电子技术的发展，指数级地降低了电子设备、微波收发器的价格和尺寸，最终满足了实际应用对尺寸和价格的需求，为未来几十年 RFID 爆炸式发展奠定了技术基础。1975 年，阿尔弗雷德等人给出了后向散射信号调制的实际解决方案，从实用性方面来讲，这是第一个可接受阅读范围的实用被动标签的实验方案。在此期间，射频识别技术仍处于高速发展阶段，许多公司，如 Raytag、RCA、Alfa Laval 和 NEDAP，政府实验室和学术机构都参与了这项工作。最终，在 20 世纪 80 年代后期，射频识别技术应用第一个全球商业案例——自动收费系统成功了。此系统采用低功耗 CMOS 数字电路和 EEPROM（非易失性存储器），但此时电路的尺寸仍然是一个限制因素，占标签大小的一半。在 20 世纪 90 年代，RFID 技术应用开始遍布世界各地，中国、欧洲各国、日本、澳大利亚等多个国家已经开始将其应用在收费和铁路票务方面。此阶段最大的技术进展是：微波肖特基二极管可以集成在 CMOS 技术中，在 20 世纪 90 年代末，这一突破使应答器电路完全包含在单个集成电路（RFID ASIC）中，标示着现代的被动式射频识别标签诞生了。目前天线尺寸是被动式射频识别标签的主要限制因素之一[6]。

1.1.2 射频识别技术在物联网中的应用

物联网的基本构想是实现万物互联，是一种能够将物理世界中的物品进行互联互通的智能网络，它综合利用各种技术（如射频识别技术、通信技术、实时定位技术、地理信息技术、视频技术和传感器技术）与相关设备，通过互联网网络实现智能化物体之间的信息交流或者信息处理。它把物理实体与信息进行了关联，实现了物理世界与信息世界的完美统一。其目的就是要实现任意物品具有唯一的标记，从而方便地对物品实现读取和管理。

物联网是利用多种网络技术建立起来的。RFID 电子标签技术是其中非常重要的技术之一。以 RFID 系统为基础，结合已有的网络技术、传感技术、数据库技术、中间件技术等，构建一个比因特网更庞大的由大量联网的读写器和移动的标签组成的巨大网络是物联网发展的趋势。在这个网络中，系统可以自动地、实时地对物体进行识别、定位、追踪、监控并触发相应事件。可应用在交通、环保节能、工业监督、全球安防、家居安全和医疗保健等领域。物联网不仅可使更多的业务流程取得更高的效率，而且在其他应用中也有提升作用，如材料处理和物流、仓储、产品追踪、数据管理、生产成本控制、资产流动速度控制、防伪、生产错误控制、缺陷产品即时召回、废物回收利用和管理、药物处方的安全性控制以及食品安全和质量控制等。此外，加入了物联网的智能科技，如机器人及穿戴式智能终端，可以让日常物品成为思考和沟通的装备。下面介绍几个 RFID 技术应用实例。

（1）邮政/航空包裹分拣

意大利邮局采用 ICODE 射频识别系统进行邮包分拣，包括普通邮包和 EMS 速递业务，大大提高了分拣速度和效率。邮包上封装的电子卷标被各地的识别装置识别，以确定该邮包是否被正确地投递，并将信息输入联网主机。该系统能够实现 100％准确读卡。防碰撞技术更是允许 30 张卡同时经过安置天线的货物信道。Philips 公司还将 ICODE 射频识别系统成功应用在航空包裹的分拣上。2001年，英国航空公司在 Heathrow（英国伦敦希思罗机场）安装了 ICODE 射频识别系统，在测试的两个月中，对来自德国慕尼黑、英国曼彻斯特等地乘客的75000 件行李进行识别，效果令人满意，而且射频卡电路设计得非常薄，可以嵌在航空专用行李包里[7]。

（2）图书和音像制品管理

图书馆和音像制品收藏馆面临的巨大难题是要对数以万计的图书、音像数据进行目录清单管理，而且要准确迅速地为读者提供服务。ICODE 技术可以满足这些需求，实现在书架上确定书的位置，并且借书登记处可以同时对多本书录入的功能，且具有 EAS 功能（电子防盗），不经录入而拿出书会启动 EAS 报警。

（3）零售业

零售业中需要解决的三个问题是：产品商标、防伪标志和商品防盗。这三个问题通过一个小小的电子卷标很容易得到解决。商品出厂时，厂家把固化有商品型号、商品相关信息及防伪签名等信息的射频卡与商品配售。在销售点这些信息可以通过读卡器读出，还可以启动 EAS 功能为销售商提供商品防盗功能，消费者可以通过电子卷标信息辨别商品真伪。

（4）高速公路自动收费及交通管理

高速公路自动收费系统是 RFID 技术最成功的应用之一。目前中国的高速公路发展非常快，在地区经济发展中占据的位置也越来越重要。人工收费系统常常造成交通堵塞。将 RFID 系统用于高速公路自动收费，能够使携带射频卡的车辆在高速通过收费站时自动完成收费，可以有效解决收费拥堵问题。1996 年，佛山安装了 RFID 系统用于自动收取路桥费以提高车辆通过率，缓解交通拥堵。车辆可以在 250km/h 的速度下在 0.5ms 内被识别，并且正确率达 100%。通过采用 RFID 系统，中国可以改善其公路基础设施。

（5）RFID 金融卡

无纸交易是未来的发展方向之一，目前已经出现了 RFID 金融卡。香港非常普及的 Octopus（八达通卡）自 1997 年发行至今已售出近 800 万张，遍布于超市、公交系统、餐厅、酒店及其他消费场所。RFID 系统更适用于不同的环境，包括磁卡、IC 卡不能适用的恶劣环境，比如公共汽车的电子月票、食堂餐卡等。由于射频卡上的存储单元能够分区，每个分区可以采用不同的加密体制，因此一张射频卡可同时应用于不同的金融收费系统，甚至可同时作为医疗保险卡、通行证、驾照、护照等。一卡多用也是未来的发展潮流。

（6）生产线自动化

RFID 技术应用在生产流水线上实现了自动控制，提高了生产率，改进了生产方式，节约了成本。例如，德国宝马汽车公司在装配流水线上应用射频识别技术实现了用户定制的生产方式，即可按用户要求的样式来生产。用户可以从上万个内部和外部选项中选定自己所需车的颜色、引擎型号和轮胎样式等，这样一来，汽车装配流水线就得装配上百种不同样式的宝马汽车。没有一个高度组织的、严密的控制系统是很难完成这样复杂的任务的。宝马公司就在其装配流水线上安装了 RFID 系统，他们使用可重复使用的射频卡，该射频卡上带有详细的汽车定制要求，在每个工作点处都有识读器，这样可以保证在各个流水线工作点处能正确地完成装配任务。世界上最大的复印机制造商 Xerox 公司，每年从英国的生产基地向欧洲各国销售 400 多万台设备，也得益于基于 RFID 的货运管理系统，他们杜绝了任何运送环节出现漏洞，实现了 100% 准确配送，也因此获得了良好的声誉。他们在每台复印机的包装箱上贴上电子卷标（最终的设想是将卡片集成到复印机架上），在 9 条装配线上，RFID 识读器自动读出每一个要运走货物的唯一卡号，并将相应的配送信息在数据库中与该卡信息对应，随后编入货物配送计划表中。当任何一台设备不小心被误送到其他的运输车里，出检的 RFID 识读器将提供报警和纠正信息。整个流程可以大大节省开支和减少误送可能，提高货物配送效率。

(7) 防伪技术

射频识别技术应用在防伪领域有其自身的技术优势。防伪技术本身要求成本低且难伪造。射频卡的成本相对便宜，而芯片的制造需要有昂贵的芯片工厂。射频卡本身具有内存，可以储存、修改与产品有关的数据，供销售商使用；并且体积十分小，便于产品封装。在计算机、激光打印机、电视等产品上都可使用。建立严格的产品销售渠道是防伪的关键，通过射频识别技术，厂家、批发商、零售商之间可以使用唯一的产品号来标识产品的身份。生产过程中在产品上封装射频卡，记载唯一的产品号，批发商、零售商用厂家提供的识读器就可以严格检验产品的合法性。同时注意，利用这种技术不会改变现行的数据管理体制，利用标准的产品标识号完全可以做到与已用数据库体系兼容。

1.2 智能制造

1.2.1 智能制造的概念

制造可以定义为用原材料制造产品的多阶段过程，而智能制造是一个采用计算机控制并具有高度适应性的制造子集。智能制造旨在利用先进的信息和制造技术，实现物理过程的灵活性，以应对全球市场。智能制造是一个不断发展的概念，可以被归纳为三种基本模式：数字制造、数字网络制造和新一代智能制造。新一代智能制造是新一代人工智能技术与先进制造技术的深度集成，它贯穿设计、生产、产品和服务的整个生命周期。这个概念还涉及相应系统的优化和集成，持续提高企业的产品质量、业绩和服务水平，降低资源消费。新一代智能制造是新工业的核心驱动力，并将成为中国经济转型升级的主要途径。人类网络物理系统（HCPSs）揭示了新一代智能制造的创新机制，并能有效地指导相关的理论研究与工程实践[8,9]。根据顺序开发、交叉交互和智能制造三种基本范式的迭代升级特征制定"平行推广和综合开发"的路线图，以推进我国制造业智能化转型。

近年来，制造业被概念化为一个超越工厂范围的系统，制造业作为一个生态系统的范例已经出现。术语"智能"包括在整个产品生命周期中创建和使用的数据和信息，其目标是创建灵活的制造过程，以低成本快速响应需求变化，同时不损害环境。这个概念需要一个生命周期的观点，即产品的设计是为了高效生产和可循环利用。智能制造能够在需要时或在整个制造供应链、完整的产品生命周期、多个行业和中小企业中以需要的形式提供有关制造过程的所有信息。智能制造领导联盟（SMLC）正在构建技术和业务基础设施，以促进整个制造生态系统中智能制造系统的开发和部署[10]。

先进制造企业先前的一个定义是"加强先进智能系统的应用，以实现新产品的快速制造、对产品需求的动态响应以及制造生产和供应链网络的实时优化"。这一概念用一个智能因素表示，依赖于可互操作系统、多尺度动态建模与仿真、智能自动化、可扩展的多级网络安全和网络化传感器。这类企业在整个产品生命周期中利用数据和信息，目的是创建灵活的制造过程，以低成本快速响应需求变化，并对企业和环境做出反应。这些过程促进了企业内部所有职能部门之间的信息流动，并管理与供应商、客户和企业外部其他利益相关者的信息。

智能制造的广义定义涵盖了许多不同的技术。智能制造中的一些关键技术有大数据分析技术、先进的机器人技术以及工业连接设备和服务。

（1）大数据分析技术

智能制造利用大数据分析来完善复杂的流程和管理供应链。大数据分析是指收集和理解大数据集的方法，具有 5V 特征[11]。

① Volume：数据量大，采集、存储和计算的量都非常大。大数据的起始计量单位至少是 P（1000 个 T）、E（100 万个 T）或 Z（10 亿个 T）。

② Variety：种类和来源多样化。包括结构化、半结构化和非结构化数据，具体表现为网络日志、音频、视频、图片、地理位置信息等，多类型的数据对数据的处理能力提出了更高的要求。

③ Value：数据价值密度相对较低，或者说是浪里淘沙却又弥足珍贵。随着互联网以及物联网的广泛应用，信息感知无处不在，信息海量，但价值密度较低，如何结合业务逻辑并通过强大的机器算法来挖掘数据价值，是大数据时代最需要解决的问题。

④ Velocity：数据增长速度快，处理速度也快，时效性要求高。比如搜索引擎要求几分钟前的新闻能够被用户查询到，个性化推荐算法尽可能要求实时完成推荐。这是大数据区别于传统数据挖掘的显著特征。

⑤ Veracity：数据的准确性和可信赖度，即数据的质量。

大数据分析允许企业使用智能制造从被动实践转向预测性实践，这是一种旨在提高流程效率和产品性能的变革[12]。

（2）先进的机器人技术

先进的机器人，也被称为智能机器，可以自动运行，并可以直接与制造系统通信。在一些先进的制造环境中，它们可以与人类共同完成组装任务[13]，通过评估感官输入并区分不同的产品配置，这些机器能够独立于人解决问题并做出决策。这些机器人能够完成超出最初编程范围的工作，并具有人工智能，使它们能够从经验中学习[4]。这些机器具有重新配置和重新设定目标的灵活性，这使它们能够快速响应设计变更和创新，比传统制造工艺更具竞争力[9]。先进机器人的一个关注点是与机器人系统交互的工人的安全和福祉。传统上，人们采取措施将机器人从人类劳动中分离出来，但是机器人认知能力的进步为机器人与人合作提供了机会，比如说，合作机器人[14]。

（3）工业连接设备和服务

利用互联网的功能，制造商能够增加集成和数据存储，使用云软件允许公司访问高度可配置的计算资源，允许快速创建和发布服务器、网络和其他存储应用程序。企业集成平台允许制造商从其机器上收集数据，这些机器可以跟踪工作流程和机器历史等。制造设备和网络之间的开放通信也可以通过互联网连接实现，包括从平板电脑到机器自动化传感器的所有内容，并允许机器根据外部设备的输入调整其流程。

制造、运输和零售业的最终目标是采取更加灵活、适应性强、反应性强的方式参与竞争性市场。企业可能被迫适应或采用这种做法来竞争，从而进一步刺激市场。该目标需要技术人员、中介机构和消费者之间协作，建立一个由科学家、工程师、统计学家、经济学家等多学科专业人士参与的网络，也被称为物联网，这是"智能"企业的基本资源。

智能制造主要用来消除工作场所效率低下和存在的危险等问题。效率优化是智能系统采用者的一个重要关注点，通过数据研究和智能学习自动化来实现。例如，运营商可以获得带有内置 WiFi 和蓝牙的个人访问卡，该卡可以连接到机器和云平台，以确定哪个运营商在哪个机器上实时工作。可以建立智能、互联的智能系统来设定性能目标，确定是否获得目标，并通过失败或延迟的性能目标来识别效率低下的情况。一般来说，自动化可以减少人为错误导致的效率低下问题。总的来说，不断发展的人工智能消除了效率低下的问题。

通过安全、创新的设计并增加综合自动化网络，可以保障工人的安全。随着自动化的成熟，技术人员暴露在危险环境中的风险更小。进一步而言，更少的人工监督和自动化的用户指导将使工作场所的安全问题失去活力。

1.2.2 智能制造的意义

智能制造促进了传统工业（如制造业）的计算机化。其目标是建立以适应性、资源效率和人机工程学为特征的智能工厂，以及实现客户和业务合作伙伴在业务和价值流程中的集成。它的技术基础包括网络物理系统和物联网。智能制造将带来以下意义。

① 无线连接应用于产品组装和与它们的远程交互，可以控制各阶段的建设、分配和使用情况。

② 先进的制造工艺和快速原型技术将使每个客户能够订购一种独一无二的产品，而不会显著增加成本。

③ 协作虚拟工厂（VF）平台通过在整个产品生命周期中利用完整的模拟和虚拟测试，大大减少与新产品设计和生产过程相关的成本和时间[15]。

④ 先进的人机交互（HMI）和增强现实（AR）设备有助于提高生产工厂的安全性，降低工人的工作强度[16]。

⑤ 机器学习是优化生产流程的基础，既可以缩短交货期，又可以降低能耗[17,18]。

⑥ 网络物理系统和机器对机器（M2M）通信允许从车间收集和共享实时数据，以便进行极其有效的预测性维护，从而减少停机和空闲时间。

智能制造有巨大的潜力已经在实际情况中得到证实。韩国政府宣布筹集 575 亿美元用于建造智能工厂，1240 家韩国智能中小企业数据显示"智能制造使缺陷率下降 27.6%，成本下降 29.2%，原型生产所需时间缩短 7.1%"。德国公司 Roland Berger Strategy Consultants 的一项研究表明，在欧洲完全实现这种生产模式每年需要 900 亿欧元的投资，到 2030 年达到完全成熟，那时智能制造将能够产生 5000 亿欧元的营业额，并给约六百万人提供就业机会。

世界各国都在积极参与新一轮工业革命。我国提出了"中国制造 2025"战略规划，德国提出了"工业 4.0"的概念，英国提出"英国工业 2050"战略规划。此外，法国也公布了新的工业计划，日本提出了"社会 5.0"战略，韩国也提出"制造业创新 3.0"计划。智能制造的发展被认为是提高国家竞争力的关键措施。

中国制造业已经明确提出了以智能制造为主要方向[19]，重点推进新一代信息技术在制造业中的深度集成。21 世纪初以来，新一代信息技术已经呈现出爆炸式的增长并被广泛地应用。数字、网络和智能制造业一体化持续发展，制造业创新是主要驱动力，新工业革命的力量正在爆发出巨大的能量。智能制造是一个涵盖广泛特定主题的概念。新一代智能制造是新一代人工智能技术与先进制造技术的深度融合，它贯穿设计、生产、产品和服务的整个生命周期。这一概念还涉及相应系统的优化和集成，旨在不断提高企业的产品质量、性能和服务水平，同时降低资源消耗，从而促进制造业的创新、绿色、协调、开放和共享发展。

1.2.3　智能制造的发展

智能制造与信息化进程同步发展。全球信息化的发展分为三个阶段。

① 20 世纪中叶到 90 年代中期，信息化处于以计算、通信和控制应用为主要特征的数字化阶段。

② 从 20 世纪 90 年代中期开始，互联网大规模普及应用，信息化进入以万物互联为主要特征的网络化阶段。

③ 目前，在大数据、云计算、移动互联网、工业互联网集群突破和集成应用的基础上，人工智能实现了战略性突破，信息化进入智能化阶段，以新一代人工智能技术为主要特征。

考虑到各种与智能制造相关的模式，并考虑到信息技术与制造业在不同阶段的融合，可以归纳出三种智能制造的基本模式：数字制造、数字网络制造和新一代智能制造。

新一代智能制造是新工业革命的核心技术。第一次和第二次工业革命分别以蒸汽机的发明以及电力的应用为标志，这两次革命极大地提高了生产力，并将人类社会带入现代工业时代。第三次工业革命以计算机、通信、控制等信息技术的创新和应用为突破口，不断把工业发展推向新的高度。从 21 世纪初开始，数字化和网络化的发展使信息的获取、使用、控制和共享向外部发展，迅速且广泛。此外，新一代人工智能的突破和应用进一步提高了制造业的数字化、网络化和智能化水平。新一代人工智能最基本的特点是它的认知和学习能力，可以产生和更好地利用知识。这样，新一代人工智能可以从根本上提高工业知识生成和利用的效率，极大地解放人类的体力和脑力，加快创新步伐，使应用更加普遍，从而将制造业推向一个新的发展阶段——新一代智能制造。如果把数字网络化制造作为新一轮工业革命的开端，那么新一代智能制造的突破和广泛应用将把新一轮工业革命推向高潮，重塑制造业的技术体系、生产模式和产业形态。

1.2.4　中国制造 2025 与中国智造

中国以促进制造业创新发展为主题，以提质增效为中心，以加快新一代信息技术与制造业深度融合为主线，以推进智能制造为主攻方向，以满足经济社会发展和国防建设对重大技术装备的需求为目标，强化工业基础能力，提高综合集成水平，完善多层次多类型人才培养体系，促进产业转型升级，培育有中国特色的制造文化，实现制造业由大变强的历史跨越，提出了创新驱动、质量为先、绿色发展、结构优化、人才为本的基本方针。立足我国国情，立足现实，力争通过"三步走"实现制造强国的战略目标。

第一步：力争用十年时间，迈入制造强国行列。到 2020 年，基本实现工业化，制造业大国地位进一步巩固，制造业信息化水平大幅提升。掌握一批重点领域核心技术，优势领域竞争力进一步增强，产品质量有较大提高。制造业数字化、网络化、智能化取得明显进展。重点行业单位工业增加值能耗、物耗及污染物排放明显下降。到 2025 年，制造业整体素质大幅提升，创新能力显著增强，全员劳动生产率明显提高，两化（工业化和信息化）融合迈上新台阶。重点行业单位工业增加值能耗、物耗及污染物排放达到世界先进水平。形成一批具有较强国际竞争力的跨国公司和产业集群，在全球产业分工和价值链中的地位明显提升。

第二步：到 2035 年，我国制造业整体达到世界制造强国阵营中等水平。创新能力大幅提升，重点领域发展取得重大突破，整体竞争力明显增强，优势行业形成全球创新引领能力，全面实现工业化。

第三步：新中国成立一百年时，制造业大国地位更加巩固，综合实力进入世界制造强国前列。制造业主要领域具有创新引领能力和明显竞争优势，建成全球领先的技术体系和产业体系。

实现制造强国的战略目标，必须坚持问题导向，统筹谋划，突出重点；必须凝聚全社会共识，加快制造业转型升级，全面提高发展质量和核心竞争力。

1.2.5　RFID 在智能制造中的应用

（1）利用 RFID 技术构建数字化车间

基于 RFID 的数字化车间目前主要应用在刀具管理、物料管理、设备智能化维护以及车间混流制造等方面，同时具有优化流程等目的。

（2）基于 RFID 技术的智能产品全生命周期管理

智能化是机电产品未来发展的重要方向和趋势，产品智能化的关键之一在于如何实现其全生命周期信息的快速获取和共享。

（3）基于 RFID 技术的制造物流智能化

将 RFID 系统与制造企业自动立库系统集成，可实现在制品、货品出入库自动化与货品批量识别。

（4）防伪溯源与产品追踪管理

RFID 技术可以控制整个产品的生产、流通、销售过程，实现产品跟踪与监管，解决目前常规防伪技术无法全程跟踪的问题。基于 RFID 技术的防伪技术和产品现已被广泛应用于食品安全等防伪溯源系统管理中。相信未来，RFID 在防伪溯源领域中将进一步普及应用。

（5）资产管理

基于 RFID 和信息技术的固定资产管理系统通过使用 RFID 电子标签、读写器和软件来对企业资源进行监测。结合条形码管理技术，赋予每个资产实物一个唯一的 RFID 电子标签，从资产购入企业开始到资产退出的整个生命周期，能对固定资产实物进行全程跟踪管理。

1.3 智能制造与射频识别的关系

随着射频识别技术的发展，人们已经将其与工业 4.0（智能工业）联系起来。工业 4.0 代表了未来工业制造的发展方向，而射频识别技术与工业 4.0 逐渐融合可以在为企业解决工业制造面临的问题的同时，也为业务中的关键节点和关键性问题提供解决方案，目前的工业 4.0 把射频识别技术、机器人技术、传感器技术和智能制造技术列为核心的支撑技术。射频识别技术在工业 4.0 中应用越来越广泛主要在于其能够为工业生产提供全新的方法——RFID 全流程覆盖。

RFID 可以在工业的整个流程中提供较完全的覆盖能力，工业 4.0 可以将生产原料、智能工厂、物流配送、消费者全部编织在一起形成一个网，RFID 就是网间的节点。

在日常生活中，很多消费类的产品现在都开始使用 RFID。工厂生产流水线上的设备识别，售后服务中的跟踪、支持，及现在很多民用产品（如电子类产品、家电类产品、机顶盒产品）都已经开始使用超高频，只是我们身上没有相应的超高频识别设备，所以我们识别不到。

工业 4.0 要求将生产原料、智能工程、物流配送以及客户全部编织到一个工业链条中，形成完备的供应链，从而对工业供应链实施实时的透明化管理。这一目标仅靠现有的技术手段是很难实现的，而射频识别技术的最终目标就是实现世界上每个物品的有效标识，因而射频识别技术可以实现对物料和商品的实时透明管理，这是其他技术难以实现的。

超高频 RFID（UHF RFID）因具有较长的识别距离以及快速和准确读写的技术优势，成为现代工业领域的主流识别解决方案。RFID 具有工业中传统的识别技术所不具备的能力，比如非常高的速度，传统的条码识别想要达到一个非常高的速度，如 1s 识别 1000 个标签，难度是很大的，现在有些工业相机可以在单体的条码上 1s 识别上千个标签，但是 RFID 还可以更高速度识别，如同时识别 500 个甚至更多的标签，这是传统的技术做不到的。RFID 也是目前自动识别技术里面识别率最高的，日常接触的一些传感器和识别技术，包括生物识别技术与传统的条码，它们的识别率都受环境和应用场所的限制，如在有风霜雨雪或有一些遮挡的情况下，其识别率会下降。工业环境往往都是比较恶劣的，有流水、污染、冰、结晶等，但是超高频 RFID 可以适应这些环境，同时还能达到非常高的识别率，所以在工业中开始大量使用 RFID 标识产品。

UHF RFID 拥有成熟的、通行全球的技术标准并且应用广泛。最初在沃尔玛的物流中使用 UHF RFID，现在被大量应用，甚至工厂员工的服装里面都安装了 RFID 标签，这样不仅可以管理洗衣的环节，甚至连人员的流动都可以管理起来。RFID 可以在工厂里面搭建一个统一的平台，从一个厂商的固定资产到产品，一直到内部人员管理都可以用一个平台管理，这表明它可以为工业制造和管理提供一个很好的基础。

参考文献

［1］ Valentina Svalova. Natural Hazards and Risk Research in Russia［M］. Springer, 2019: 9-16.

［2］ Landt J. The history of RFID［C］. IEEE Potentials. 2005,24（4）: 8-11.

［3］ MUSA A, et al. A Review of RFID in Supply Chain Management: 2000-2015［J］. Glob J Flex Syst Manag, 2016, 17（2）: 189-228.

［4］ ANGELOT-DELETTRE F, et al. In vivo and in vitro sensitivity of blastic plasmacytoid dendritic cell neoplasm to SL-401, an interleukin-3 receptor targeted biologic agent[J]. Haematologica, 2015, 100（2）: 223-230.

［5］ HARRINGTON R F. Theory of loaded scatterers［C］. Proc. IEEE, 1964, 111（4）: 617-623.

［6］ GAISSER T K, KARLE A. Neutrino astronomy: current status; future prospects[J]. Journal of Astronomical Instrumentation, 2017, 242.

［7］ THOMSON R. BAA denies landing rights to RFID at Heathrow's T5. 2008.

［8］ BURNS M, et al. Elaborating the Human Aspect of the NIST Framework for Cyber-Physical Systems［C］. Proc Hum Factors Ergon Soc Annu Meet, 2018, 62（1）: 450-454.

［9］ SOWE S K, et al. Cyber-physical human systems: putting people in the loop[J]. IT Prof, 2016, 18（1）: 10-13.

［10］ EDGAR T F. PISTIKOPOULOS E N. Smart manufacturing and energy systems[J]. Computers & Chemical Engineering: S0098135417303824.

［11］ FROMM P D H BLOEHDORN D S. Big data-technologies and potential［M］. Springer,2014.

［12］ MENEVEAU C, MARUSIC I. Turbulence in the Era of Big Data: recent experiences with Sharing Large Datasets[M]. Springer,2017.

［13］ CHOWDHURY P, et al. RFID and Android based smart ticketing and destination announcement system[C]. 2016 International Conference on Advances in Computing, Communications and Informatics（ICACCI）. 2016.

［14］ RUIZ-DEL-SOLAR J, WEITZENFELD A. Advanced Robotics[J]. Journal of Intelligent & Robotic Systems. 2015, 77

（1）: 3-4.

[15] CHURCHILLC E F, SNOWDONC D N, Ma A J M. Collaborative Virtual Environments[M]. Springer,2001.

[16] QI G, et al. Requirement Analyses of City Frequency Management System Based on Man-Machine Interface[M]. Springer Berlin Heidelberg. 2014.

[17] LINDLEY J, POTTS R. A machine learning: an example of HCI prototyping with design fiction [J]. NordicHI. ACM,2014.

[18] RUBIN S H, LEE G. Human-machine learning for intelligent aircraft systems [C]. International Conferece On A&I Systems. 2011.

[19] Interoperability, safety and security in lot[M]. New York, NY: Springer Berlin Heidelberg. pages cm. 2017.

第2章

射频识别系统组成

2.1 射频识别系统概述

自 1999 年美国麻省理工学院正式成立自动识别技术中心后，RFID 技术的相关技术标准被陆续推出，并得到世界各个国家和地区的大力支持。RFID 技术涵盖了编码技术和网络技术两大类。技术标准委托 GS1 统一托管，形成了现在的 EPCglobal 标准，该标准为编码和 RFID 网络提供详细的规范，在 GS1 电子数据交换技术基础上，基于互联网构建了 RFID 网络系统。本章将对编码和网络展开说明，但这种说明大多是概念层次的，详细的技术要求和设计目标仍需要参阅相关的标准。

图 2-1　物理实体与唯一编码融合成一体

产品电子代码（Electronic Product Code，EPC）强调适用于对每一件物品都进行编码的通用编码方案，它仅仅对物品用唯一的一串数字代码标记出来，而不涉及物品本身的任何属性（图 2-1）。EPC 编码方法是给世界上每一个实体或有物理意义的群组分配唯一的数字序列号。当物理实体被电子标签重新命名后，物理和信息就融合到一起，而且伴随物品从生到灭的整个过程。

世界上任意一种物品都有自己唯一的名称！这个想法有些疯狂，但是好在对人们有价值的物品并非想象的那么多。表 2-1 给出了 EPC 编码的冗余度。

表 2-1　EPC 编码的冗余度

比特数	唯一编码数	对象
23	6.0×10^6/年	汽车
29	5.6×10^8 使用中	计算机
33	6.0×10^9	人口

比特数	唯一编码数	对象
34	2.0×10^{10}/年	剃刀刀片
54	1.3×10^{16}/年	大米粒数

EPC 由分别代表版本号、制造商、物品种类以及序列号的编码组成。EPC 是唯一存储在 RFID 标签中的信息。RFID 标签能够维持低廉的成本并具有灵活性，这是因为在数据库中有无数的动态数据能够与 EPC 相链接[1]。

2.1.1 产品电子代码与射频识别技术

产品电子代码是由标头、厂商识别代码、对象分类代码、序列号等数据字段组成的一组数字。产品电子代码是下一代产品标识代码，它可以对供应链中的对象（如物品、货箱、货盘、位置等）进行全球唯一的标识。EPC 存储在电子标签上，如 RFID 标签，这个标签包含一块硅芯片和一根天线。读取 RFID 标签时，它可以与一些动态数据链接，如该贸易项目的原产地或生产日期等。这与全球贸易项目代码（GTIN）和车辆鉴定码（VIN）十分相似，EPC 就像是一把钥匙，用以解开 RFID 网络上相关产品信息这把锁。与目前商务活动中使用的许多编码方案类似，EPC 包含用作标识制造厂商的代码以及用来标识产品类型的代码。但 RFID 使用额外的一组数字——序列号来识别单个贸易项目。RFID 所标识产品的信息保存在 EPCglobal 网络中，而 EPC 则是获取这些信息的一把钥匙。

（1）自动识别

自动识别（Auto Identification）通常与数据采集（Data Collection）连在一起，称为 AIDC。自动识别系统是现代工业和商业及物流领域中生产自动化、销售自动化、流通自动化过程中必备的自动识别设备以及配套的自动识别软件构成的体系。自动识别包括条码识读、射频识别、生物识别（人脸、语音、指纹、静脉）、图像识别、OCR 光学字符识别。自动识别系统几乎覆盖了现代生活领域中的各个环节并具有极大的发展空间。其中比较常见的应用有条形码打印设备和扫描设备、指纹防盗锁、自动售货柜、自动投币箱以及 POS 机等。

（2）射频识别

射频识别是一种非接触式的自动识别技术，它通过射频信号自动识别目标对象并获取相关数据，识别工作无须人工干预，可工作于各种恶劣环境。RFID 技术可识别高速运动物体并可同时识别多个标签，操作快捷方便。RFID 是一种突破性的技术：第一，单品级识别，可以识别具体的物体，而不是像条形码那样只能识别一类物体；第二，采用无线电射频，可以穿透包装材料读取数据，而条形码必须靠图像识别来读取信息；第三，可以同时对多个物体进行识读，而条形码只能一个一个地读；此外，储存的信息量非常大。与其他的识别技术相比，射频识别技术主要有如下特点：

① 强大的数据读写功能　只要通过 RFID 即可无须接触直接读取信息至数据库内，且可一次处理多个标签，并可以将物流处理的状态写入标签，供下一阶段物流处理读取判读之用。

② 容易实现小型化和多样化　RFID 在读取时并不受尺寸大小与形状的限制，无须为读取精确度而配合纸张的固定尺寸和印刷品质。此外，RFID 更可往小型化与多样化形态发展，以应用于不同产品。

③ 耐环境性　纸张受到污染后就会看不到其上的信息，但 RFID 对水、油和药品等有很强的抗污性。RFID 在黑暗或脏污的环境中也可以读取数据。

④ 可重复使用　由于 RFID 为电子数据，可以被反复覆写，因此可以回收标签重复使用，如被动式 RFID，不需要电池就可以使用，没有维护保养的需要。

⑤ 穿透性　RFID 即使被纸张、木材和塑料等非金属或非透明的材质包覆，也可以进行穿透性通信。不过如果是金属的话，就无法进行通信。

⑥ 数据的记忆容量大　数据容量会随着记忆规格的发展而扩大，未来物品所需携带的数据量愈来愈大，对卷标所能扩充容量的需求也增加，对此 RFID 不会受到限制。

需要补充说明的是，对于一项技术不能只看优点，而应该全面看待，原因很简单，任何技术都有自身的缺点，更何况 EPC-RFID 技术体系属于快速发展的新技术，有缺点是在所难免的，系统的安全性是目前所面临的最大问题。然而，电子标签低廉的价格再加上具有实时监控供应链各个环节的能力，使 EPC-RFID 技术具有极其强大竞争力。

尽管射频识别系统因应用不同其组成会有所不同，但基本都是由电子标签、读写器和高层系统这三大部分组成，如图 2-2 所示。构成 RFID 系统的三大组成部分如下。

（1）电子标签

电子标签由芯片及天线组成，附着在物体上标识目标对象，每个电子标签具有唯一的电子编码，存储着被识别物体的相关信息，如图 2-3 所示。

（2）读写器

读写器是利用射频技术读写电子标签信息的设备。RFID 系统工作时，一般首先由读写器发射一个特定的询问信号，当电子标签感应到这个信号后，就会给出应答信号，应答信号中含有电子标签所携带的数据信息。读写器接收这个应答信号，并对其进行处理，然后将处理后的应答信号发送给外部主机，进行相应的操作。

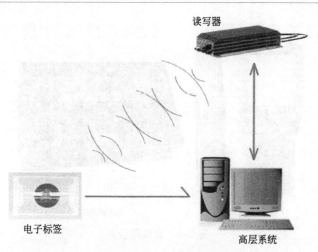

图 2-2 RFID 系统结构

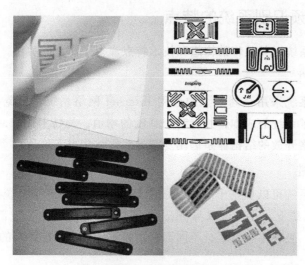

图 2-3 电子标签示例

（3）高层系统

最简单的 RFID 系统只有一个读写器（图 2-4），它一次只对一个电子标签进行操作，如公交车上的票务系统。复杂的 RFID 系统会有多个读写器，每个读写器要同时对多个电子标签进行操作，并实时处理数据信息，这就需要高层系统处理问题。高层系统是计算机网络系统，数据交换与管理由计算机网络完成，读写器可以通过标准接口与计算机网络连接，利用网络完成数据处理、传输和通信的功能。

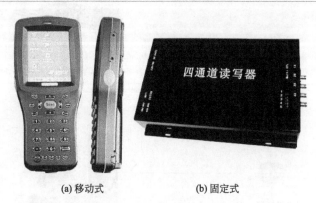

(a) 移动式　　　　　　　(b) 固定式

图 2-4　读写器示例

2.1.2　射频识别系统的特点

射频识别系统以其独特的构想和技术特点赢得了广泛的关注。其特点如下。

（1）开放性

射频识别系统采用全球最大的公用 Internet 网络系统，避免了系统的复杂性，大大降低了系统的成本，并有利于系统的增值。梅特卡夫（Metcalfe）定律表明，一个网络开放的结构体系远比复杂的多重结构更有价值。

（2）通用性

射频识别系统可以识别十分广泛的实体对象。射频识别系统网络是建立在 Internet 网络系统上，并且可以与 Internet 网络所有可能的组成部分协同工作，具有独立平台，且在不同地区、不同国家射频识别技术标准不同的情况下具有通用性。

（3）可扩展性

射频识别系统是一个灵活的、开放的、可持续发展的体系，可在不替换原有体系的情况下做到系统升级。

射频识别系统是一个全球系统，供应链各个环节、各个节点、各个方面都可受益，但对低价值的产品来说，要考虑射频识别系统引起的附加成本。目前，全球正在通过 RFID 技术的进步进一步降低成本，同时通过系统的整体改进使供应链管理得到更好的应用，提高效益，降低或抵消附加成本。

RFID 网络使用射频识别技术实现供应链中贸易信息的真实可见。它由五个基本要素组成，即产品电子代码（EPC）、射频识别系统（EPC 标签和读写器）、发现服务（包括对象名解析服务）、EPC 中间件、EPC 信息服务（EPCIS），见表 2-2。

表 2-2　EPC 物联网系统组件列表

系统构成	名称	说明
EPC 编码体系	EPC 编码标准	识别目标的特定代码
射频识别系统	EPC 标签	贴在物品表面或内嵌于物品中
	读写器	识读 EPC 标签
信息网络系统	EPC 中间件	射频识别系统的软件支持系统
	对象名解析服务（Object Nameing Service, ONS）	类似于互联网的 DNS 功能，定位产品信息存储位置
	EPC 信息服务	提供描述实物体、动态环境的标准，供软件开发、数据储存和数据分析之用

与现有的条码系统相比，EPC-RFID 系统具有以下特点：

① 不像传统的条码系统，网络不需要人的干预与操作，而是通过完全自动识别技术实现网络运行；

② 使用 IP 数据与现有的 Internet 互联，实现数据的无缝链接；

③ 网络的成本相对较低；

④ 网络是通用的，可以在任何环境下运行；

⑤ 采纳一些管理实体的标准，如 UCC、EAN、ANSI、ISO 等。

2.1.3　射频识别系统的工作流程

在由 EPC 标签、读写器、EPC 中间件、Internet、ONS 服务器、EPCIS 服务器以及众多数据库组成的实物互联网中，读写器读出的 EPC 代码只是一个信息参考（指针），由这个信息参考从 Internet 找到 IP 地址并获取该地址中存放的相关物品信息，然后采用分布式的 EPC 中间件处理由读写器读取的一连串 EPC 信息。由于在标签上只有一个 EPC 代码，计算机要知道与该 EPC 匹配的其他信息就需要 ONS 来提供一种自动化的网络数据库服务，RFID 中间件将 EPC 传给 ONS，ONS 指示 RFID 中间件到一个保存着产品文件的 EPCIS 服务器查找，该产品文件可由 EPC 中间件复制，因而文件中的产品信息就能传到供应链上，射频识别系统的工作流程如图 2-5 所示。

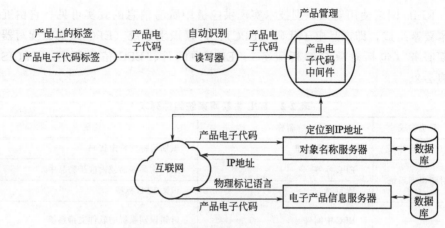

图 2-5　射频识别系统工作流程示意图

携带电子标签的物品被整个网络监控并跟踪着，最适合的技术方案就是通过网络共享数据实现网络实时跟踪监控目标。EPC[2]、信息识别系统、RFID 中间件、信息发现服务、EPCIS 被认为是实现网络共享的五种关键技术。

2.2　射频识别系统的主要组成

射频识别系统主要由如下七部分组成。

（1）EPC 编码标准

编码标准为 EPC 物联网勾勒出了设计框架，符合标准的 RFID 网络能够实现不同国家不同厂商的硬件和软件之间的互联互通，从而为 RFID 物联网的发展形成合力。

（2）EPC 标签

EPC 标签主要以射频标签为主，有控制和存储单元。控制单元主要完成通信、加密、编码等任务；存储单元主要存储电子编码。

（3）读写器

读写器是构成物联网的重要部件，主要用于读写标签以及与互联网上其他的设备进行通信，部分读写器维护一个小型数据库，以便于管理和维护局域网内的物品编码。

（4）中间件❶（旧称 Savant，神经网络软件）

尽管有最新的标准架构规定用 ALE 代替 Savant 标准，但 ALE 是继承了 Savant 技术的，两者密不可分，且为了兼顾现有的文献，部分章节仍然采用旧称。后面章节有关于应用层事件的专门讲述。ALE 是介于应用系统和系统软件之间的一类软件，它使用系统软件提供的基础服务（功能），衔接网络上应用系统的各个部分或不同的应用，以达到资源共享、功能共享的目的。即中间件是一种独立的系统软件或服务程序，分布式应用软件借助这种软件在不同的技术之间共享资源。中间件位于客户机服务器的操作系统之上，管理计算资源和网络通信。

RFID 中间件具有一系列特定属性的"程序模块"或"服务"，可被用户集成以满足他们的特定需求。RFID 中间件基于事件的高层通信机制，也就是说 RFID 中间件观察到的数据块是以事件为单位的。

RFID 中间件是加工和处理来自读写器的所有信息的事件流软件，是连接读写器和企业应用程序的纽带，主要任务是在将数据送往企业应用程序之前进行标签数据校对、读写器协调、数据传送、数据存储和任务管理。图 2-6 所示为 RFID 中间件组件与其他应用程序之间的通信。

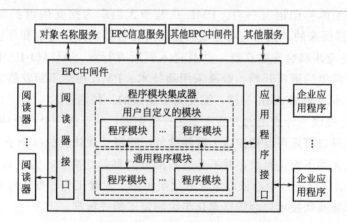

图 2-6　RFID 中间件与其他应用程序之间的通信

（5）对象名解析服务

Auto ID 中心认为一个开放式的、全球性的追踪物品的网络需要一些特殊的网络结构，因为除了将 EPC 存储在标签中外，还需要一些将 EPC 与相应商品信息进行匹配的方法。这个功能就由对象名解析服务来实现，它是一个自动的网络

---

❶　中间件技术在 EPCGlobal 早期版本的框架协议中被称为 Savant，最新的标准框架重新命名为应用层事件（Application Level Events，ALE）。

服务系统，类似于域名解析服务，DNS 是将一台计算机定位到互联网上的某一具体地点的服务。

当一个读写器读取一个 RFID 标签的信息时，EPC 就被传递给了 Savant 系统。Savant 系统再在局域网或因特网上利用 ONS 对象名解析服务找到这个产品信息所存储的位置。ONS 给 Savant 系统指明了存储这个产品有关信息的服务器，因此能够在 Savant 系统中找到这个文件，并且将这个文件中关于这个产品的信息传递过来，从而应用于供应链的管理。

对象名解析服务比互联网上的域名解析服务处理更多的请求，因此，公司需要在局域网中有一台存取信息速度比较快的 ONS 服务器。这样一个计算机生产商可以将他现在的供应商的 ONS 数据存储在自己的局域网中，而不是在货物每次到达组装工厂时都要到万维网上去寻找这个产品的信息。这个系统也会有内部的冗余，例如，当一个包含某种产品信息的服务器崩溃时，ONS 将能够引导 Savant 系统找到存储着同种产品信息的另一台服务器。

（6）实体标记语言（Physical Markup Language，PML）

EPC 识别单品，但是所有关于产品的有用信息都用一种新型的标准的计算机语言——实体标记语言书写。PML 是基于人们广为接受的可扩展标记语言（XML）发展而来的，因为它将会成为描述所有自然物体、过程和环境的统一标准，PML 的应用将会非常广泛，并且进入到所有行业。AUTO-ID 中心的目标就是以一种简单的语言开始，鼓励采用新技术。PML 还会不断发展演变，就像互联网的基本语言 HTML 一样，演变为更复杂的一种语言。

PML 将提供一种通用的方法来描述自然物体，并形成一个广泛的层次结构。例如，一罐可口可乐可以被描述为碳酸饮料，它属于软饮料的一个子类，而软饮料又在食品大类下面。当然，并不是所有的分类都如此简单，为了确保 PML 被广泛接受，AUTO-ID 中心依赖于标准化组织做了大量工作，如国际重量度量局和美国国家标准和技术协会等标准化组织制定了相关标准。

除了那些不会改变的产品信息（如物质成分）之外，PML 还包括经常性变动的数据（动态数据）和随时间变动的数据（时序数据）。PML 文件中的动态数据可包括船运水果的温度或者一个机器震动的级别。时序数据在整个物品的生命周期中离散且间歇地变化，一个典型的例子就是物品所处的地点。所有这些信息通过 PML 文件都可得到，公司将能够以新的方法利用这些数据。例如，公司可以设置一个触发器，以便当有效期将要到来时，降低产品的价格。

PML 文件将被存储在一个 PML 服务器上，此 PML 服务器将配置一个专用的计算机，为其他计算机提供需要的文件。PML 服务器将由制造商维护，并且储存这个制造商生产的所有商品的信息。

（7）EPC 信息服务（EPCIS）

EPCIS 提供了一个模块化、可扩展的数据和服务接口，使 EPC 的相关数据可以在企业内部或者企业之间共享。它处理与电子标签相关的各种信息，例如：

① 电子标签的观测值　What/When/Where/Why，通俗地说，就是观测对象、时间、地点以及原因，这里的原因是一个比较泛的说法，它应该是 EPCIS 步骤与商业流程步骤之间的一个关联信息，如订单号、制造商编号等商业交易信息。

② 包装状态　如物品在托盘上的包装箱内。

③ 信息源　如位于 Z 仓库的 Y 通道的 X 读写器。

EPCIS 有两种运行模式：一种是 EPCIS 信息被已经激活的 EPCIS 应用程序直接应用；另一种是将 EPCIS 信息存储在信息数据库中，以备今后查询时进行检索。独立的 EPCIS 事件通常代表独立的步骤，比如 EPC 标记对象 A 装入标记对象 B，并与一个交易码结合。对 EPCIS 数据库进行 EPCIS 查询，不仅可以返回独立事件，而且还有连续事件的累积效应，如对象 C 包含对象 B，对象 B 本身包含对象 A。

在由 EPC 标签、读写器、Savant 服务器、Internet、ONS 服务器、PML 服务器以及众多数据库组成的实物互联网中（图 2-7），读写器读出的电子标签只是一个信息参考（指针），由这个信息参考从 Internet 找到 IP 地址并获取该地址中存放的相关物品信息。而采用分布式 Savant 软件系统处理和管理由解读器读取的一连串电子标签信息。由于在标签上只有一个 EPC，计算机需要知道与该电子标签匹配的其他信息，这就需要 ONS 来提供一种自动化的网络数据库服务，Savant 将 EPC 传给 ONS，ONS 指示 Savant 到一个保存着产品文件的 PML

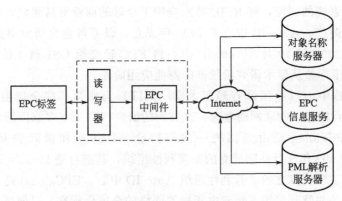

图 2-7　RFID 网络及其主要设备

服务器查找，该文件可由 Savant 复制，因而文件中的产品信息就能传到供应链上。PML 语言是可扩展标记语言（XML）的一个子集，为了更方便地说明 PML 语言，了解 XML 语言的规范和标准是很有必要的。

可扩展标记语言（Extensible Markup Language，XML），与 HTML 一样，都是标准通用标记语言（Standard Generalized Markup Language，SGML）。XML 是 Internet 环境中跨平台的、依赖于内容的技术，是当前处理结构化文档信息的有力工具。XML 是一种简单的数据存储语言，使用一系列简单的标记描述数据，XML 已经成为数据交换的公共语言。

在射频识别系统中，XML 用于描述产品、过程和环境信息，供工业和商业中的软件开发、数据存储和分析工具之用。它将提供一种动态的环境，使与物体相关的静态的、暂时的、动态的和统计加工过的数据可以互相交换。

射频识别系统使用 XML 的目标是为物理实体的远程监控和环境监控提供一种简单、通用的描述语言，可广泛应用在存货跟踪、自动处理事务、供应链管理、机器控制和物对物通信等方面。

XML 文件的数据将被存储在一个数据服务器上，企业需要配置一个专用的计算机为其他计算机提供需要的文件。数据服务器将由制造商维护，并且储存这个制造商生产的所有商品的信息。在最新的 EPC 规范中，这个数据服务器被称作 EPCIS 服务器。

2.3　产品电子代码标准化

麻省理工学院的 Auto-ID 中心是富有创造力的实验室，该实验室开启了一项自动化识别系统的研究，将 RFID 技术应用于全球的商业贸易领域，从而开启了一个全新的时代。Auto-ID 中心于 1999 年成立，以零售业为研究对象，对 EPC 进行研发。2003 年 10 月，Auto-ID 中心将 EPC 转交给 GS1 旗下的 EPCglobal Inc.，将电子标签从学术研究阶段推向商业应用阶段。

Auto-ID 中心以美国麻省理工大学（MIT）为领队，在全球拥有实验室。Auto-ID 中心构想了物联网的概念，这方面的研究得到 100 多家国际大公司的通力支持。EPCglobal 是由美国统一代码协会（UCC）和国际物品编码协会（EAN）于 2003 年 9 月共同成立的非营利性组织，其前身是 1999 年 10 月 1 日在美国麻省理工学院成立的非营利性组织 Auto-ID 中心。EPCglobal 是一个受业界委托而成立的非营利组织，负责电子标签网络的全球化标准，以便更加快速、自动、准确地识别供应链中产品。同时，EPCglobal 是一个中立的标准化组织。EPCglobal 由 EAN 和 UCC 两大标准化组织联合（现在的 GS1）成立，它继承了

EAN·UCC 与产业界近 30 年的成功合作传统。企业和用户是 EPCglobal 网络的最终受益者，通过 EPCglobal 网络，企业可以更高效、弹性地运行，可以更好地实现基于用户驱动的运营管理。Auto-ID 将 EPC 标准化工作交给了 GS1，自己则专注于电子标签网络中的技术问题。

2.3.1　EPCglobal 网络设计的目标

EPCglobal 的目的是促进电子标签网络在全球范围内更加广泛地应用。RFID 网络由自动识别中心开发，其研究总部设在麻省理工学院，并且还有全球顶尖的 5 所研究型大学的实验室参与。2003 年 10 月 31 日以后，自动识别实验室（Auto-ID）的管理职能正式停止，但保留研究功能组织标准文档的撰写并提供技术支持、开展研讨培训等学术活动。EPCglobal 将继续与自动识别实验室密切合作，以改进 RFID 技术使其满足将来自动识别的需要。理解 EPCglobal 的目标是理解 RFID 技术的关键，RFID 除了提供全球统一的电子编码之外，创造性地将网络设定为一个自动及时识别、信息共享、透明和可视的网络平台。具体来说：

① EPCglobal 网络是实现自动即时识别和供应链信息共享的网络平台。通过 EPCglobal 网络，提高供应链上贸易单元信息的透明度与可视性，以此各机构组织将会更有效运行。通过整合现有信息系统和技术，EPCglobal 网络将对全球供应链上贸易单元即时准确自动地识别和跟踪。

② EPCglobal 的目标是解决供应链的透明性。透明性是指供应链各环节中所有合作方都能够了解单件物品的相关信息，如位置、生产日期等。目前 EPCglobal 已在中国、加拿大、日本等国建立了分支机构，专门负责 EPC 码段在这些国家的分配与管理、EPC 相关技术标准的制定、EPC 相关技术在本国的宣传普及以及推广应用等工作。

③ EPCglobal 的主要职责是在全球范围内对各个行业建立和维护 EPC 网络，保证供应链各环节信息的自动、实时识别采用全球统一标准。通过发展和管理 RFID 网络标准来提高供应链上贸易单元信息的透明度与可视性，以此来提高全球供应链的运作效率。

2.3.2　EPCglobal 服务范围

EPCglobal 现已经合并到了 GS1 旗下，EPCglobal 为期望提高其有效供应链管理的企业提供下列服务[3]：

① 分配、维护和注册 EPC 管理者代码；

② 对用户进行 EPC 技术和 EPC 网络相关内容的教育和培训；

③ 参与 EPC 商业应用案例实施和 EPCglobal 网络标准的制订；

④ 参与 EPCglobal 网络、网络组成、研究开发和软件系统等规范的制订和实施；

⑤ 引领 EPC 研究方向；

⑥ 认证和测试，与其他用户共同进行试点和测试。

EPCglobal 将系统成员大体分为两类：终端成员和系统服务商。终端成员包括制造商、零售商、批发商、运输企业和政府组织。一般来说，终端成员就是在供应链中有物流活动的组织。而系统服务商是指那些给终端用户提供供应链物流服务的组织机构，包括软件和硬件厂商、系统集成商和培训机构等。

EPCglobal 在全球拥有上百家成员。EPCglobal 由 EAN 和 UCC 两大标准化组织联合成立了 EPCglobal 管理委员会——由来自 UCC、EAN、MIT、终端用户和系统集成商的代表组成。EPCglobal 主席对全球官方议会组和 UCC 与 EAN 的 CEO 负责。EPCglobal 员工与各行业代表合作，促进技术标准的提出和推广、管理公共策略、开展推广和交流活动并进行行政管理。架构评估委员会（ARC）作为 EPCglobal 管理委员会的技术支持，向 EPCglobal 主席做出报告，从整个 EPCglobal 的相关构架来评价和推荐重要的需求。商务推动委员会（BSC）针对终端用户的需求实施行动来指导所有商务行为组和工作组。国家政策推动委员会（PPSC）对所有行为组和工作组的国家政策发布（例如安全隐私等）进行筹划和指导。技术推动委员会（TSC）对所有工作组所从事的软件、硬件和技术活动进行筹划和指导。行为组（商务和技术）规划商业和技术愿景，以促进标准发展进程。商务行为组明确商务需求，汇总所需资料并根据实际情况，使组织对事务达成共识。技术行为组以市场需求为导向促进技术标准的发展。工作组是行为组执行其事务的具体组织，工作组是行为组的下属组织（其成员可能来自多个不同的行为组），经行为组的许可，组织执行特定的任务。Auto-ID 实验室由 Auto-ID 中心发展而成，总部设在美国麻省理工大学，与其他五所学术研究处于世界领先的大学（英国剑桥大学、澳大利亚阿德莱德大学、日本庆应大学、中国复旦大学和瑞士圣加仑大学）通力合作，研究和开发 EPCglobal 网络及其应用。

2.3.3　EPCglobal 协议体系

在 EPCglobal 定义的规范中，结构框架（Architecture Framework）是其各个相关标准的集合体，包括 EPCglobal 运行相关的软硬件、信息标准以及核心服务等，是理解 EPCglobal 规范的一个整体框架。通过结构框架，可以清晰地看到协议的分层结构以及协议之间的接口情况。结构框架的最终目标就是让终端用户真正受益，因此定义了软件、硬件、信息标准与核心服务，并在结构框架中说明了上述定义内容之间的关联性。

（1）EPCglobal 的目标

1）标准的角色扮演

① 协助完成贸易伙伴之间信息与实体物品的交换　贸易伙伴之间想要交换信息，必须先就信息的结构和信息交换的定义和结构，以及交换执行的机制等达成协议。EPCglobal 标准就是信息标准和跨公司信息交换标准。另外，贸易伙伴之间在交换实体物品时，必须在实体物品中附加贸易双方都明确的产品电子编码。EPCglobal 标准定义了 RFID 设备与 EPC 编码信息标准的规格。

② 提升系统组件在竞争市场中存在的意义和价值　EPCglobal 标准定义了系统组件之间的接口，以促进不同厂商生产的组件之间的互通性，从而提供给终端用户多种选择，并保证不同系统和不同贸易伙伴之间的交换能够顺利进行。

③ 鼓励创新　EPCglobal 标准只是定义接口，并没有定义详细过程。在接口标准确保不同系统之间的互通性后，实施者可以自行创新开发相关产品与系统。

2）全球标准　EPCglobal 致力于全球标准的创造与应用。这个目标就是要确保 EPCglobal 结构框架能够在全球通用，并以此来支持结构方案的提供者获得开发的基础。

为了实现上述目标，EPCglobal 制定了标准开发过程规范，它规范了 EPCglobal 各部门的职责以及标准开发的业务流程。它对递交的标准草案进行多方审核，技术方面的审核内容包括防碰撞算法性能、应用场景、标签芯片占用面积、读写器复杂度、密集读写器组网、数据安全六个方面，确保制定的标准具有很强的竞争力。

3）开放系统　EPCglobal 结构框架保持开放与客观中立性。所有结构单元之间的接口都以公开标准的方式制定和公布。参与开发的团体和组织都需要采用 EPCglobal 标准开发流程或者其他标准组织的类似流程。EPCglobal 的知识产权政策可以确保 EPCglobal 标准具有自由与开放的权利，在与 EPCglobal 兼容的系统中能够顺利执行。

（2）EPCglobal 制定的协议体系

EPCglobal 是以美国和欧洲某些国家为首，全球很多企业和机构参与的 RFID 标准化组织。它属于联盟性的标准化组织，在 RFID 标准制定的速度、深度和广度方面都非常出色，受到全球广泛地关注。EPCglobal 制定的协议体系见图 2-8。

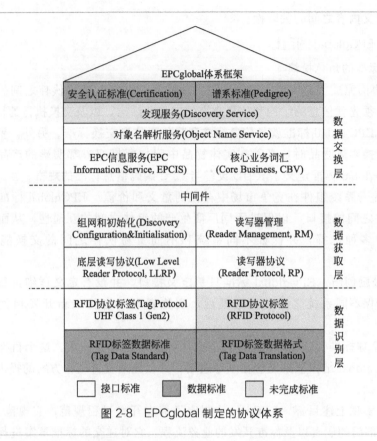

图 2-8　EPCglobal 制定的协议体系

1）EPCglobal RFID 标准体系框架　在 EPCglobal 标准组织中，体系架构委员会 ARC 的职能是制定 RFID 标准体系框架，协调各个 RFID 标准之间关系，使它们符合 RFID 标准体系框架要求。体系架构委员会对于复杂信息技术标准的制定来说非常重要。ARC 首先给出 EPCglobal RFID 体系框架，它是 RFID 典型应用系统的一种抽象模型，包含三种主要活动，如图 2-9 所示。

2）EPCglobal 体系框架功能如下。

① EPC 物理对象交换　用户与带有 EPC 编码的物理对象进行交互。对于 EPCglobal 用户来说，物理对象是产品，用户是该物品供应链中的成员。EPCglobal RFID 体系框架定义了 EPC 物理对象交换标准，能够保证用户将一种物理对象提交给另一个用户时，后者能够确定该物理对象 EPC 编码，并能方便地获得相应的物品信息。

② EPC 基础设施　为实现 EPC 数据的共享，每个用户在应用时应为新生成的对象进行 EPC 编码，通过监视物理对象携带的 EPC 编码对其进行跟踪，并将搜集到的信息记录到基础设施内的 EPC 网络中。EPCglobal RFID 体系框架定义

了用来收集和记录 EPC 数据的主要设施部件接口标准，因而允许用户使用互操作部件来构建其内部系统。

　　③ EPC 数据交换　用户通过相互交换数据来提高物品在物流供应链中的可见性。EPCglobal RFID 体系框架定义了 EPC 数据交换标准，为用户提供了一种端到端共享 EPC 数据的方法，并提供了用户访问 EPCglobal 核心业务和其他相关共享业务的方法。

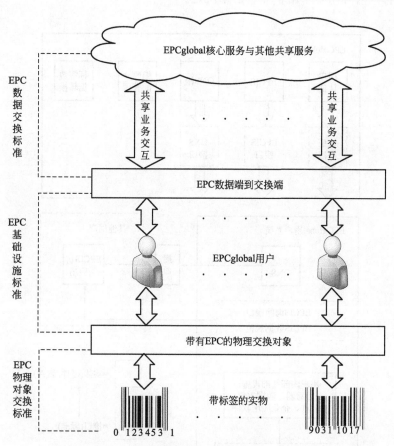

图 2-9　EPCglobal 协议体系框架对应 EPC

　　ARC 从 RFID 应用系统中凝练出多个用户之间 RFID 体系框架模型（图 2-10）和单个用户内部 RFID 体系框架模型（图 2-11），它是典型 RFID 应用系统组成单元的一种抽象模型，目的是表达实体单元之间的关系。在模型图中实线框代表实体单元，它可以是标签、读写器等硬件设备，也可以是应用软件、管理软件、中间件等；虚线框代表接口单元，它是实体单元之间信息交互的接口。体系结构框架模型清晰表达了实体单元之间的交互关系，实体单元之间通过接口实现信息交互。接口就是制定通用标准的对象，因为接口统一以后，只要实体单元符合接口标准就可以实现互联互通。这样允许不同厂家根据自己的技术和 RFID 应用特点来实现实体互联，也就是说提供相当的灵活性，适应技术的发展和不同应用的特殊性。实体就是制定应用标准和通用产品标准的对象。实体与接口的关系类似于组件中组件实体与组件接口之间的关系，接口相对稳定，而组件的实体可以根据技术特点与应用要求由企业自己来决定。

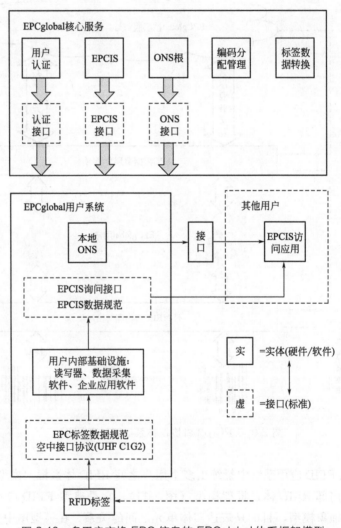

图 2-10　多用户交换 EPC 信息的 EPCglobal 体系框架模型

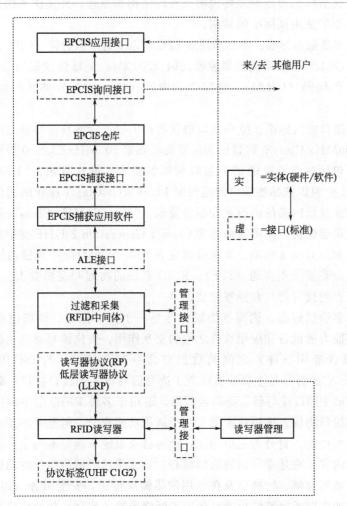

图 2-11 单个用户系统内部 EPCglobal 体系框架模型

EPCglobal 标准是全球中立、开放的标准，由各行各业、EPCglobal 研究工作组的服务对象用户共同制定，最终由 EPCglobal 管理委员会批准和发布，并推广实施，包括数据采集、信息发布、信息资源组织管理、信息服务发现等方面。除此之外，部分实体单元也可能组成分布式网络，如读写器、中间件等，为了实现读写器、中间件的远程配置、状态监视、性能协调等会产生管理接口。下面是几个常用的相关标准。

a. EPC 标签数据转换标准。本标准是 EPC 标签数据标准规范的可机读版本，可以用来确认 EPC 格式以及转换不同级别数据表示。此标准描述了如何解释可机读版本，包括可机读标准最终说明文件的结构和原理，并提供了在自动转换或验证软件中如何使用该标准的指南。

b. EPC标签数据标准。本标准规定EPC体系下通用识别符（GID）、全球贸易项目代码（GTIN）、系列货运集装箱代码（SSCC）、全球位置编码（GLN）、全球可回收资产代码（GRAI）、全球个别资产代码（GIAI）的代码结构和编码方法。

c. 空中接口协议标准。空中接口协议规范了电子标签与读写器之间命令和数据交互。900MHz Class 0射频识别标签规范规定900MHz Class 0操作的通信接口和协议，包括在该波段通信的射频和标签要求、操作算法。13.56MHz ISM波段Class 1射频识别标签接口规范规定13.56MHz Class1操作的通信接口和协议，包括在该波段内通信的射频和标签要求。860～960MHz Class 1射频识别标签射频和逻辑通信接口规范被命名为Class 1 Generation 2 UHF空中接口协议标准，通常被称为Gen 2标准。本标准规定在860～960MHz率范围内操作的无源反射散射、应答器优先沟通（ITF）、RFID系统的物理和逻辑要求。RFID系统由应答器（也叫读写器）和标签组成。

d. 读写器协议标准。读写器协议标准是一个接口标准，详细说明了一台具备读写标签能力的设备和应用软件之间的交互作用。提供读写器与主机（主机是指中间件或者应用程序）之间的数据与命令交互接口，与ISO/IEC 15961、15962类似。它的目标是主机能够独立于读写器与标签的接口协议，即适用于智能程度不同的RFID读写器、条码读写器，适用于多种RFID空中接口协议，适用于条形码接口协议。该协议定义了一个通用功能集合，但是并不要求所有的读写器实现这些功能。它分为三层功能：读写器层规定了读写器与主计算机交换的消息格式和内容，它是读写器协议的核心，定义了读写器所执行的功能；消息层规定了消息如何组帧、转换以及在专用的传输层传送，安全服务（如身份鉴别、授权、消息加密以及完整性检验）规定了网络连接的建立、初始化建立同步的消息、初始化安全服务等；传输层对应于网络设备的传输层。读写器数据协议位于数据平面。

e. 低层读写器协议标准。EPCglobal于2007年4月24日发布了低层读写器协议（LLRP）标准。低层读写器协议的使用使读写器发挥最佳性能，以生成丰富、准确、可操作的数据和事件。低层读写器协议标准将进一步促进读写器互通性，并为技术提供商提供基础以扩展其提供具体行业需求的能力。它为用户控制和协调读写器的空中接口协议参数提供通用接口规范，它与空中接口协议密切相关。可以配置和监视ISO/IEC 18000-6 TypeC中防碰撞算法的时隙帧数、Q参数、发射功率、接收灵敏度、调制速率等，可以控制和监视选择命令、识读过程、会话过程等。在密集读写器环境下，通过调整发射功率、发射频率和调制速率等参数，可以大大消除读写器之间的干扰等。它是读写器协议的补充，负责读写器性能的管理和控制，使读写器协议专注于数据交换。低层读写器协议位于控制平面。

f. 读写器管理标准。读写器管理通过管理软件来控制符合 EPCglobal 要求的 RFID 读写器的运行状况。另外，它定义了读写器与读写器管理之间的交互接口。它规范了访问读写器配置的方式（如天线数等）以及监控读写器运行状态的方式（如读到的标签数、天线的连接状态等）。另外，还规范了 RFID 设备的简单网络管理协议（Simple Network Management Protocol，SNMP）和管理系统库（Management Information Base，MIB）。读写器管理协议位于管理平面。

g. 读写器发现配置安装协议标准。本标准规定了 RFID 读写器和访问控制机及其工作网络间的接口，便于用户配置和优化读写器网络。

h. 应用层事件标准。本标准规定客户可以获取来自各渠道、经过过滤形成的统一 EPC 接口，增加了完全支持 Gen2 特点的 TID、用户存储器、锁定等，并可以降低从读写器到应用程序的数据量，将应用程序从设备细节中分离出来，在多种应用之间共享数据，当供应商需求变化时可升级拓展，采用标准 XML/网络服务技术容易集成。提供一个或多个应用程序向一台或多台读写器发出 EPC 数据请求的方式等。通过该接口，用户可以获取过滤后、整理过的 EPC 数据。ALE 基于面向服务的架构（SOA）。它可以对服务接口进行抽象处理，就像 SQL 对关系数据库的内部机制进行抽象处理那样。应用可以通过 ALE 查询引擎，不必关心网络协议或者设备的具体情况。

i. 产品电子代码信息服务标准。产品电子代码信息服务标准为资产、产品和服务在全球的移动、定位和部署带来前所未有的可见度，是 EPC 发展的又一里程碑。EPCIS 为产品和服务生命周期的每个阶段提供可靠、安全的数据交换。

j. 对象名称服务标准。对象名称服务标准规定了如何使用域名系统定位与一个指定 EPC 中 SGTIN 部分相关的命令元数据和服务。此标准的目标读者为有意在实际应用中实施对象名称服务解决方案系统的开发商。

k. 谱系标准。谱系标准及其相关附件为供应链中制药参与方使用的电子谱系文档的维护和交流定义了架构。该架构的使用符合成文的谱系法律。

l. EPCglobal 认证标准。在确保可靠使用的同时，保证广泛的互操作性和快速部署，EPCglobal 认证标准定义了实体在 EPCglobal 网络内 X.509 证书签发及使用的概况。其中定义的内容是基于互联网工程特别工作组（IETF）的关键公共基础设施（PKIX）工作组制定的两个 Internet 标准，这两个标准在多种现有环境中已经成功实施、部署和测试。

3）EPCglobal 与 ISO/IEC RFID 标准之间的对应关系　目前 EPCglobal RFID 标准还在不断完善中，EPCglobal 以联盟形式参与 ISO/IEC RFID 标准的制定工作，比任何一个国家具有更大的影响力。ISO/IEC 比较完善的 RFID 技术标准是前端数据采集类，标签数据采集后如何共享和读写器设备管理等标准制定工作刚刚开始，而 EPCglobal 已经制定了 EPCIS、ALE、LLRP 等多个标准。EPCglobal 将 UHF 空中接口协议、低层读写器控制协议、读写器数据协议、读写器管理协议、应用层事件标准递交给 ISO/IEC，如 2006 年批准的 ISO/IEC 18000-6 TypeC 就是以 EPC UHF 空中接口协议为基础，正在制定的 ISO/IEC 24791 软件体系框架中设备接口也是以 LLRP 为基础。Class 0 与 ISO/IEC 18000-3 对应，Class 1 与 ISO/IEC 18000-6 标准对应，而 UHF C1 G2 已经成为 ISO/IEC 18000-6C 标准。EPCglobal 借助 ISO 的强大推广能力，使自己制定的标准成为被广泛采用的国际标准。EPC 系列标准中包含了大量专利，EPCglobal 是非营利性的组织，专利许可由相关的企业自己负责，因此采纳 EPCglobal 标准必须十分关注其中的专利问题。

4）应用中 EPCglobal 体系框架的分类　EPCglobal 在使用过程中支持单用户和多用户两种工作模式：

图 2-10 所示为多个用户交换 EPC 信息的 EPCglobal 体系框架模型，它为所有用户的 EPC 信息交互提供了共同的平台，使不同用户 RFID 系统之间实现信息的交互。因此需要考虑认证接口、EPCIS 接口、ONS 接口、编码分配管理和标签数据转换。

图 2-11 所示为单个用户系统内部 EPCglobal 体系框架模型，一个用户系统可能包括很多 RFID 读写器和应用终端，还可能包括一个分布式的网络。它不仅需要考虑主机与读写器之间的交互、读写器与标签之间的交互，读写器性能控制与管理、读写器设备管理，还需要考虑与核心系统或其他用户之间的交互，确保不同厂家设备之间兼容。

2.4　EPCglobal RFID 实体单元及其主要功能

为方便本章后续内容的介绍，首先对 EPCglobal 体系框架中实体单元的主要功能做简要说明，后续章节将进一步介绍 EPC 体系中的设备。一个完全兼容 EPC 网络架构的设备是 RFID，因此介绍 EPC 体系一般都从 RFID 系统出发，这里 EPC 的感知层也采用 RFID 设备。

EPCglobal RFID 网络架构如图 2-12 所示，主要器件如图 2-13 所示。

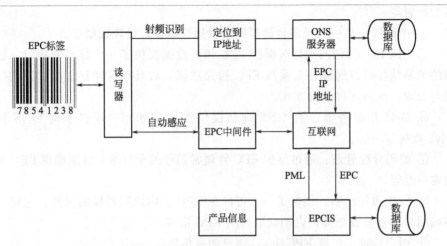

图 2-12 EPCglobal RFID 网络架构

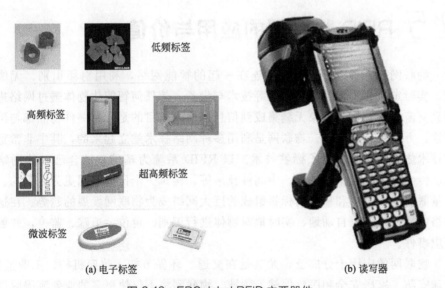

(a) 电子标签　　　　　　　　　　　　　　　　(b) 读写器

图 2-13 EPCglobal RFID 主要器件

EPCglobal RFID 主要由以下几部分组成。

① RFID 标签：保存 EPC 编码，还可能包含其他数据。标签可以是有源标签或无源标签，能够支持读写器的识别、读数据、写数据等操作。

② RFID 读写器：能从一个或多个电子标签中读取数据并将这些数据传送给主机等。

③ 读写器管理：监控一台或多台读写器的运行状态，管理一台或多台读写

器的配置等。

④ 中间件：从一台或多台读写器接收标签数据、处理数据等。

⑤ EPCIS：为访问和持久保存 EPC 相关数据提供了一个标准的接口，已授权的贸易伙伴可以通过它来读写 EPC 相关数据，对具有高度复杂的数据进行存储与处理，支持多种查询方式。

⑥ ONS 根服务器：为 ONS 查询提供查询初始点；授权本地 ONS 执行 ONS 查找等功能。

⑦ 编码分配管理：通过维护 EPC 管理者编号的全球唯一性来确保 EPC 编码的唯一性等。

⑧ 标签数据转换：提供了一个可以在 EPC 编码之间转换的文件，它可以使终端用户的基础设施部件自动获取新的 EPC 格式。

⑨ 用户认证：验证 EPCglogal 用户的身份等。

2.5 RFID 物联网的应用与价值

物联网是一种将所有物品串连在一起的智能网络，利用射频识别、无线通信、实时定位、视频处理和传感等技术与设备，使任何智能化物体透过网络进行信息交流。它把物理对象无缝集成到信息网络，其目的是让每一件物品都与网络相连，方便管理和识别。物联网是利用多种网络技术建立起来的，其中非常重要的技术之一是 RFID 电子标签技术。以 RFID 系统为基础，结合已有的网络技术、传感技术、数据库技术、中间件技术等，构筑一个比因特网更为庞大的、由大量联网的读写器和移动的标签组成的巨大网络成为物联网发展的趋势。在这个网络中，系统可以自动地、实时地对物体进行识别、定位、追踪、监控，并触发相应事件。

物联网的应用十分广泛，尤其是在交通、环保节能、政府机构、工业监督、全球安防、家居安全和医疗保健等领域。物联网将不仅使更多的业务流程取得更高的效率，而且在其他应用包括材料处理和物流、仓储、产品追踪、数据管理、生产成本控制、资产流动控制、防伪、生产错误控制，即时召回缺陷产品、更有效的回收利用和废物管理、药物处方安全性控制，以及食品安全和质量改进等方面也有非常有效的提升作用。此外，加入了物联网的智能科技，如机器人及穿戴式智能终端，可以让日常物品成为思考和沟通的装备。

RFID 系统是在计算机互联网的基础上，利用射频识别、无线数据通信等技术，构造的一个覆盖世界上万事万物的实物互联网，旨在提高现代物流、供应链管理水平，降低成本，是一项具有革命性意义的新技术。

RFID 概念的提出源于射频识别技术和计算机网络技术的发展。射频识别技术的优点在于可以以无接触的方式实现远距离、多标签甚至快速移动状态下的自动识别。计算机网络技术的发展，尤其是互联网技术的发展使全球信息传递的即时性得到了基本保证。

EPC 系统设计的目标就是为世界上的每一件物品都赋予一个唯一的编号，RFID 标签即是这一编号的载体。当 RFID 标签贴在物品上或内嵌在物品中时，产品被唯一标识。

参考文献

[1] TURRI A M, SMITH R J, et al. Privacy and RFID Technology: A Review of Regulatory Efforts[J]. the Journal of conswmer affairs,2017, 51（2）：329-354.

[2] LO N W, YEH K H. A Secure Communication Protocol for EPCglobal Class 1 Generation 2 RFID Systems [C]. 2010 IEEE 24th international conference on advanced information networking and applications workshops,2010: 562-566.

[3] TSENG C W, CHEN Y C, HUANG C H. A Design of GS1 EPCglobal Application Level Events Extension for IoT Applications [J]. IEICE TRANS, 2016, 99（1）：30-39.

第3章

物联网中的射频识别服务

3.1 对象名称服务器

在物联网中，标签中只存储了产品电子代码，而系统还需要根据这些产品电子代码匹配相应的商品信息，这个寻址功能由对象名解析服务（Object Name Service，ONS）来完成，所以 ONS 的作用是建立起局域的 RFID 网络与 Internet 上的 EPCIS 服务器之间联系的桥梁。ONS 在 EPC 网络中的作用相当于互联网中的域名系统服务（Domain Name System，DNS），实际上 EPCglobal 在设计 ONS 时通过巧妙的设计充分利用了 DNS 在互联网中的寻址作用，构成了 ONS-DNS 的寻址架构[1~3]。

在 EPCglobal 提出的物联网这一宏伟远景下，所有携带电子标签的物品被整个网络监控并跟踪着。就物联网的技术实现上，EPCglobal 提出了必须具备的五大技术组成，分别是 EPC、ID System（信息识别系统）、EPC 中间件实现信息的过滤和采集、Discovery Service（信息发现服务）、EPCIS。本节将解析 ONS 的核心组件在 EPC 物联网框架下的作用、技术原理、实现架构和应用前景[4,5]。

3.1.1 ONS 系统架构

对于 EPC 这样一个全球开放的、可追逐物品生命周期轨迹的网络系统，需要一些技术工具，将物品生命周期不同阶段的信息与物品已有的信息进行实时动态整合。帮助 EPC 系统动态地解析物品信息管理中心的任务就由对象名解析服务实现。ONS 系统是一个自动的网络服务系统，其结构类似于 DNS 的分布式的层次结构[6~11]。主要由映射信息、根 ONS（Root ONS）服务器、局域 ONS（Local ONS）服务器、ONS 本地缓存、本地 ONS 解析器（Local ONS Resolver）这五个部分组成，其简化图示如图 3-1 所示。

ONS 作为 EPC 物联网组成技术的重要部件，在 EPC 网络中完成信息发现服务，包括对象命名服务以及配套服务。其作用就是通过电子产品码，获取 EPC 数据访问通道信息。

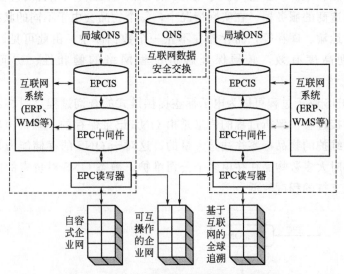

图 3-1 EPC 物联网中 ONS 的架构示意图

作为 EPC 信息发现服务的最重要组成部分，对象命名服务存储提供 EPC 信息服务的地址信息，主要是产品电子代码；另外，其记录存储是授权的，只有电子产品码的拥有者可以对其进行更新、添加、删除等操作。

从图 3-1 可以看出，单个企业维护的本地 ONS 服务器包括两种功能，一是实现与产品对应的 EPC 信息服务地址信息的存储，二是提供与外界交换信息的服务，并通过根 ONS 服务器进行级联，组成 ONS 网络体系[12~14]。这一网络体系主要完成以下两种功能：

① 企业内部的本地 ONS 服务器实现其地址映射信息的存储，并向根 ONS 服务器报告该信息，同时获取网络查询结果。

② 在这个物联网内，基于产品电子代码实现 EPC 信息查询定位功能。

3.1.2 ONS 解析服务的分类

ONS 是读写器与 EPCIS 之间联系的桥梁，ONS 为每个标签找到对应的 EPCIS 数据库。ONS 提供静态 ONS 与动态 ONS 两种服务。静态 ONS 是指向货品制造商的信息，动态 ONS 是指向一件货品在供应链中流动时所经过的不同的管理实体。静态 ONS 服务，通过产品电子代码查询供应商提供的该类商品的静态信息；动态 ONS 服务，通过产品电子代码查询该类商品的更确切信息，如在供应链中经过的各个环节的信息。

静态 ONS 直接指向货品制造商的 EPCIS，也就是说，任何物品都由制造商的服务器管理和维护。当查询该标签时，标签由 ONS 内的指针对应固定的 IP 地址并指向制造商的服务器。在实际情况中，每个物品会由于不同的状态，例如制造、销售、运输、库存等，而存储在不止一个数据库中。由此可见，静态 ONS 解析要达到高度有效，必须保证解析过程网络的健壮性、访问控制的独立性[15~17]。

静态 ONS 解析过程可以为电子标签提供链式的查询过程（图 3-2），同时也支持反向链接过程。解析过程的信息是由 ONS 记录保存的，解析速度较快。但是由于需要维护的物品标签往往是大量的，这对于 ONS 的存储能力是一个不小的挑战。同时大多数物品往往由多个公司维护，静态 ONS 对负责的产品制造和供应链管理支持的程度较低。

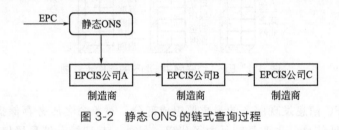

图 3-2　静态 ONS 的链式查询过程

动态 ONS 指向多个 EPCIS 数据库，由分布式的 ONS 服务器共同协作完成，为物品在供应链的流动过程提供所有的管理实体。

动态 ONS 为每个供应链管理商在移交货品时更新注册列表，以支持连续实时查询（图 3-3）。在更新过程中，更新内容往往包含管理商信息变动、产品跟踪时 EPC 变动以及是否特别标记的用于召回的 EPC 信息。

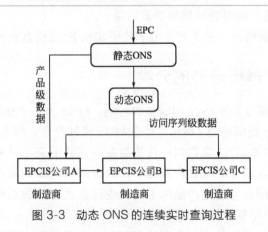

图 3-3　动态 ONS 的连续实时查询过程

静态 ONS 工作模式下，任何一个链接无法响应或者互联，则整个链路都将失效，所以网络的健壮性很差。动态机制要好得多，一旦其中的一条链路断掉，还有其他的链路能够继续查询。

静态 ONS 与动态 ONS 是有区别的。静态 ONS 假定每个对象都有一个数据库，提供指向相关制造商的指针，并且给定的 EPC 编码总是指向同一个 URL。

① 静态 ONS 分层。由于同一个制造商可以拥有多个数据库，因此 ONS 可以分层使用。一层指向制造商的根 ONS，另一层是制造商自己的 ONS，可以指向制造商的某个特定的数据库。

② 静态 ONS 局限性。静态 ONS 假定一个对象只拥有一个数据库，给定的 EPC 编码总是解析到同一个 URL。而事实上 EPC 信息是分布式存储的，每个货品的信息存储在不止一个数据库中，不同的实体（制造商、分销商、零售商）对同一个货品建立了不同的信息，因此需要定位所有相关的数据库。同时，静态 ONS 需要维持解析过程的安全性和一致性，需要提高自身的稳健性和访问控制的独立性。

动态 ONS 指向多个数据库，指向货品在供应链流动所经过的所有管理者实体。

每个供应链管理商在移交货品时都会更新注册列表，以支持连续查询。需要更新的动态 ONS 注册内容如下。

① 管理商信息变动（到达或离开）。

② 产品跟踪时的 EPC 变动：货物装进集装箱、重新标识或重新包装。

③ 是否标记特别的用于召回的 EPC，可以查询动态 ONS 注册。

④ 向前跟踪到当前的管理者。

⑤ 获得当前关于位置和状态的信息，判断谁应该进行产品召回。

⑥ 向后追溯找到供应链的所有管理者及相关信息。

目前，EPCglobal 正在考虑用数据发现服务（Data Discovery）来代替动态 ONS，确保供应链上分布的各参与方数据可以共享，数据发现服务的详细标准和技术内容正在开发中。

3.1.3　ONS 的网络工作原理

为了支持现有的 GS1 标准和现有的网络基础设施，ONS 使用现有的 DNS 查询 GS1 识别码，这意味着 ONS 在查询和响应过程中的通信格式是必须支持 DNS 的标准格式，同时 GS1 识别码将被转化成域名和有效的 DNS 资源记录。

3.1.3.1　DNS 的工作原理

在物联网中，ONS 的工作机理跟互联网的 DNS 非常相似，为了便于理解，首先阐述一下 DNS 的工作原理。

　　DNS是计算机域名系统的缩写，它是由域名解析器和域名服务器组成的。域名服务器是指保存该网络中所有主机域名和对应 IP 地址，并具有将域名转换为 IP 地址功能的服务器。其中域名必须对应一个 IP 地址，而 IP 地址不一定有域名。域名系统采用类似目录树的等级结构。域名服务器为客户机/服务器模式中的服务器方，它主要有两种：主服务器和转发服务器。将域名映射为 IP 地址的过程就称为域名解析。DNS 服务网络拓扑结构如图 3-4 所示。

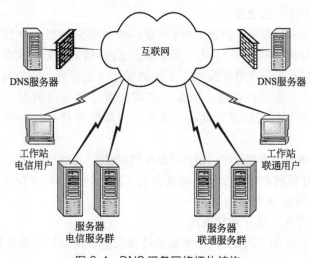

图 3-4　DNS 服务网络拓扑结构

　　域名解析有正向解析和反向解析之说。正向解析就是将域名转换成对应的 IP 地址的过程，它用于在浏览器地址栏中输入网站域名的情形；而反向解析是将 IP 地址转换成对应域名的过程。但在访问网站时无须进行反向解析，即使在浏览器地址栏中输入的是网站服务器 IP 地址，因为互联网主机的定位就是通过 IP 地址进行的，只是在同一 IP 地址下映射多个域名时需要。另外，反向解析经常被一些后台程序使用，用户看不到。

　　除了正向、反向解析之外，还有一种称为递归查询的解析。递归查询的基本含义就是在某个 DNS 服务器上查找不到相应的域名与 IP 地址对应关系时，自动转到另外一台 DNS 服务器上进行查询。通常递归到另一台 DNS 服务器对应域的根 DNS 服务器。因为对于提供互联网域名解析的互联网服务商而言，无论从性能上，还是从安全上来说，都不可能只有一台 DNS 服务器，而是有一台或者两台根 DNS 服务器（两台根 DNS 服务器通常是镜像关系），然后再在下面配置多台子 DNS 服务器来均衡负载（各子 DNS 服务器都是从根 DNS 服务器中复制查询信息的），根 DNS 服务器一般不接受用户的直接查询，只接受子 DNS 服务器的递归查询，以确保整个域名服务器系统的可用性。

当用户访问某网站时，在输入了网站网址（其实就包括了域名）后，首先就有一台首选子 DNS 服务器进行解析，如果在它的域名和 IP 地址映射表中查询到相应的网站 IP 地址，则可以立即访问；如果在当前子 DNS 服务器上没有查找到相应域名所对应的 IP 地址，它就会自动把查询请求转到根 DNS 服务器上进行查询。如果是相应域名服务商的域名，在根 DNS 服务器中肯定可以查询到相应域名的 IP 地址，如果访问的不是相应域名服务商下的网站，则会把相应查询转到对应域名服务商的域名服务器上。

DNS 服务器的解析过程如图 3-5 所示。

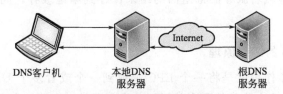

图 3-5　DNS 服务器的解析过程

① 客户机提出域名解析请求，并将该请求发送给本地的域名服务器。

② 当本地的域名服务器收到请求后，就先查询本地的缓存，如果有该记录项，则本地的域名服务器就直接把查询的结果返回。

③ 如果本地的缓存中没有该记录，则本地域名服务器就直接把请求发给根域名服务器，然后根域名服务器再返给本地域名服务器一个所查询域（根的子域）主域名服务器的地址。

④ 本地服务器再向上一步返回的域名服务器发送请求，然后接收请求的服务器查询自己的缓存，如果没有该记录，则返回相关的下级域名服务器的地址。

⑤ 重复④，直到找到正确的记录。

⑥ 本地域名服务器把返回的结果保存到缓存，以备下一次使用，同时还将结果返给客户机。

举例详细说明解析域名的过程。假设客户机想要访问站点 www. linejet. com，本地域名服务器是 dns. company. com，一个根域名服务器是 NS. INTER. NET，要访问的网站的域名服务器是 dns. linejet. com，域名解析的过程如下。

① 客户机发出请求解析域名 www. linejet. com 的报文。

② 本地的域名服务器收到请求后，查询本地缓存，假设没有该记录，则本地域名服务器 dns. company. com 向根域名服务器 NS. INTER. NET 发出请求解析域名 www. linejet. com。

③ 根域名服务器 NS. INTER. NET 收到请求后查询本地记录得到如下结果：

linejet. com NS dns. linejet. com（表示 linejet. com 域中的域名服务器为 dns. linejet. com），同时给出 dns. linejet. com 的地址，并将结果返给域名服务器 dns. company. com。

④ 域名服务器 dns. company. com 收到回应后，再发出请求解析域名 www. linejet. com 的报文。

⑤ 域名服务器 dns. linejet. com 收到请求后，开始查询本地的记录，找到如下一条记录：www. linejet. com A 211. 120. 3. 12（表示 linejet. com 域中域名服务器 dns. linejet. com 的 IP 地址为：211. 120. 3. 12），并将结果返回给客户本地域名服务器 dns. company. com。

⑥ 客户本地域名服务器将返回的结果保存到本地缓存，同时将结果返给客户机。

3.1.3.2 ONS 的工作原理

ONS 的基本作用就是将一个 EPC 映射到一个或者多个 URI，在这些 URI 中可以查到关于这个物品的更多的详细信息，通常对应着一个产品电子代码信息服务系统。当然也可以将 EPC 关联到与这些物品相关的 web 站点或者其他 Internet 资源。ONS 提供静态和动态两种服务。静态服务可以返回物品制造商提供的 URL，动态服务可以顺序记录物品在供应链上移动过程的细节。

对象命名服务的技术实现采用了域名解析服务的实现原理。域名解析服务对客户端来说，相当于一个黑盒子，通过 DNS 提供的简单 API，获取其地址解析信息，而无须关心 DNS 的具体实现。但实际上，DNS 的实现需要提供一个足够健壮的架构，满足其对扩展性、安全性和正确性的要求，其实现是分层管理、分级分配的。

由于 ONS 系统主要处理产品电子代码与对应的 EPCIS 信息服务器 PML 地址的映射管理和查询，而产品电子代码的编码技术遵循 EAN-USS 的 SGTIN 格式，和域名分配方式很相似，因此，完全可以借鉴互联网络中已经很成熟的域名解析服务技术思想，并利用 DNS 构架实现 ONS 服务。ONS 服务对产品电子代码的分级解析机制见图 3-6。

EPCglobal 提供的产品电子代码由过滤位、公司索引位、产品索引位和产品序列号组成。基于公司索引位，确定具体的公司 EPCIS 服务器地址信息。其 ONS 记录格式如表 3-1 所示。

表 3-1 ONS 记录格式

Order	Pref	flag	Service	Regexp	Replacement
0	0	u	EPC+ecpis	!^. * $! http//example. com/cgi-bin/epcis!	. (aperiod)

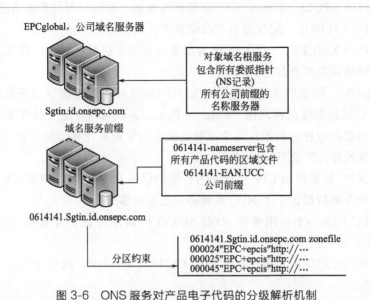

EPCglobal，公司域名服务器

对象域名根服务
包含所有委派指针
（NS记录）
所有公司前缀的
名称服务器

Sgtin.id.onsepc.com

域名服务前缀

0614141-nameserver包含
所有产品代码的区域文件
0614141-EAN.UCC
公司前缀

0614141.Sgtin.id.onsepc.com

分区约束

0614141.Sgtin.id.onsepc.com zonefile
000024"EPC+epcis"http://…
000025"EPC+epcis"http://…
000045"EPC+epcis"http://…

图 3-6　ONS 服务对产品电子代码的分级解析机制

下面总结一下，一个 EPC 编码在解析阶段格式化为一个域名的过程。

ONS 的网络通信是架构在 DNS 基础上的，一旦 EPC 被转化成域名格式，DNS 就可以拿来查询和存储相关的 EPC 服务器（PML 服务器）。

EPC 的域名格式为：EPC 域名＝EPC 域前缀名＋EPC 根域名，前缀名由 EPC 编码经过计算得到，根域名是不变的，为 epc. objid. net。

（1）本地 ONS 服务器将二进制 EPC 编码转化为 URI 的具体步骤

① 先将二进制的 EPC 编码转化为整数；

② 转化后的整数头部添加 "urn：epc"。

（2）本地的 ONS 解析器把 URI 转化成 DNS 域名格式的方法

① 清除 urn：epc；

② 清除 EPC 序列号；

③ 颠倒数列；

④ 添加 ". onsroot. org"。

当前，ONS 记录分为以下几类，对应不同服务种类：

① EPC＋WSDL　定位 WSDL 的地址，然后基于获取的 WSDL 访问产品信息；

WSDL 是 Web Service 的描述语言，是一种接口定义语言，用于描述 Web Service 的接口信息等。WSDL 文档可以分为两部分，顶部由抽象定义组成，而底部则由具体描述组成。

② EPC+EPCIS　定位 EPCIS 服务器的地址，然后访问其产品信息；

③ EPC+HTML　定位报名产品信息的网页；

④ EPC+XMLRPC　当 EPCIS 等服务由第三方进行托管时，使用该格式作为路由网管访问其产品信息。

XMLRPC，顾名思义就是应用了 XML（标准通用标记语言的子集）技术的 RPC。RPC 就是远程过程调用（Remote Procedure Call），是一种在本地的机器调用远端机器的过程的技术，这个过程也被称为分布式计算，是为提高各个分立机器的"互操作性"而开发的技术。

XMLRPC 是使用 HTTP 协议作为传输协议的 RPC 机制，使用 XML 文本的方式传输命令和数据。一个 RPC 系统必然包括两部分：

① RPC CLIENT　用来向 RPC SERVER 调用方法，并接收方法的返回数据；

② RPC SERVER　用于响应 RPC CLIENT 的请求、执行方法，并回送方法执行结果。

URI 可以用 XML 语言调用，调用的方法与下面的语句非常类似：

```
<methodCall>
<methodName>some service.somemethod</methodName>
<params>
<param><value><string>some parameter</string></value></param>
</param>
</methodCall>
```

3.1.3.3　ONS 和 DNS 的联系与区别

ONS 服务是建立在 DNS 基础上的专门针对 EPC 编码的解析服务。在整个 ONS 服务的工作过程中，DNS 解析是 ONS 不可分割的一部分，在 EPC 编码转换成 URI 格式，再由客户端将其转换为标准域名后，下面的工作就由 DNS 承担了，DNS 经过解析，将结果以 NAPTR 记录格式返给客户端，ONS 才算完成一次解析任务。

两者的区别主要在于输入输出内容上的差别。ONS 输入的是 EPC 编码，输出的是 NAPTR 记录；DNS 的作用就是把域名翻译成 IP 地址。

3.1.3.4　对象命名服务的实现架构

图 3-7 所示为 ONS 技术框架与工作流程。

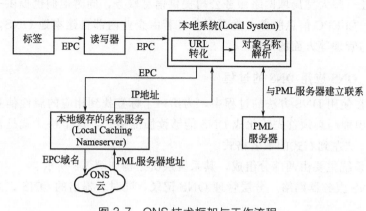

图 3-7　ONS 技术框架与工作流程

（1）ONS 的角色与功能

在 EPC Network 网络架构中，ONS 的角色就好比是指挥中心，协助以 EPC 为主要指标的商品数据在供应链成员中传递与交换。ONS 标准文件中，制定 ONS 运作程序及规则，让 ONS 客户与 ONS 发布者来遵循。ONS 客户是一个应用程序，希望通过 ONS 能解析到 EPCIS，来服务指定的 EPC；ONS 服务器为 DNS 服务器的反解应用，ONS 发布者组件主要提供 ONS 客户查询储存于 ONS 内的指针记录（Pointer Entry）服务。

（2）组成 ONS 的三要素

① ONS 客户需遵循标准将 EPC 码转成 URI，再将 URI 转成网域格式，然后向 ONS 服务器查询。

② ONS 服务器根据 ONS 客户的查询，提供储存于 ONS 服务器内的 NAP-TR 记录。如 EPC 的服务指标（Pointers）或本地 ONS 服务指标（Pointers）的 URL。

③ ONS 客户提供 ONS 解析结果 URL 给应用程序，应用程序依此 URL 找到服务器，如 EPCIS。

（3）根 ONS 与本地 ONS

如同 Internet 网络中根 DNS 与本地 DNS 的阶层式架构，根 ONS 根据 EPC 提供的对应的根 ONS 指标 URL，而本地 ONS 根据 EPC 提供的对应的 EPCIS 指标 URL。企业可经由相关部门受理申请取得的 EPC 管理者码（Manager Number），根 ONS 同时记录管理者码与命名服务网址，即本地 ONS 的网址，而本地 ONS 可依企业的产品记录 EPC 信息服务或发现服务的 URL。

EPCglobal 目前全球约有六个根 ONS 复制服务点，而本地 ONS 则可由企业自建或委任一些大型局域网络服务公司提供信息服务，同时他们也提供一些加值应用服务，如 EPC 信息服务、发现服务，若由企业内部自建本地 ONS，需考虑成本效益与管理等方面的问题。

3.1.3.5　ONS 应用 DNS 的过程

ONS 在使用 DNS 方法的过程中，为给一个标签找到相应的属性信息，标签内的 GS1 识别码必须首先转化成 DNS 能够读懂的格式，这个格式就是常见的用点分割的、从左到右式的域名格式。

ONS 系统主要由两部分组成，其系统层次结构如图 3-8 所示。

① ONS 服务器网络　分层管理 ONS 记录，同时对提出的 ONS 记录查询请求进行响应。

② ONS 解析器　完成产品电子代码到 DNS 域名格式的转换，解析 DNS NAPTR 记录，获取相关的产品信息访问通道。

图 3-8　ONS 系统层次结构

当 ONS 为 GS1 的识别码和与之对应的数据集建立通信联系时，其过程可以用图 3-9 描述的典型的 ONS 查询流程为例加以说明。在该例中，起始点是条码或 RFID 标签，然而 GS1 识别码是不限制携带数据的，这些数据可以是交易文档（如购买命令）的一部分、一个事件记录、一个主数据记录或其他形式的信源。

图 3-9 描述了基于 EPC 搜索其产品信息的参考实现。

其查询过程如下：

① RFID 阅读器从一个 EPC 标签上读取一个产品电子代码；

② RFID 阅读器将这个产品电子代码送到本地服务器；

③ 本地服务器对产品电子代码进行相应的 URI 格式转换，发送到本地的 ONS 解析器；

④ 本地 ONS 解析器把 URI 转换成 DNS 域名格式；

⑤ 本地 ONS 解析器基于 DNS 域名访问本地 ONS 服务器（缓存 ONS 记录

信息），如发现相关 ONS 记录，直接返回 DNS NAPTR 记录；否则转发给上级
ONS 服务器（DNS 服务基础架构）；

⑥ DNS 服务基础架构基于 DNS 域名返给本地 ONS 解析器一条或多条对应
的 DNS NAPTR 记录；

⑦ 本地 ONS 解析器基于这些 ONS 记录，解析获得相关的产品信息访问
通道；

⑧ 本地服务器基于这些访问通道访问相应的 EPCIS 服务器或产品信息
网页。

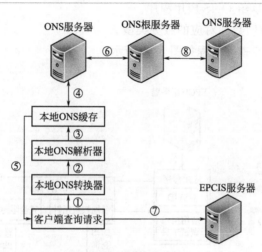

图 3-9 ONS 查询流程

下面进一步说明 ONS 查询过程：

① 记录了 GS1 识别码和任意补充数据的数据序列被用合适的读写器从条码
或者 RFID 标签中读取出来。该序列提交给应用层时，数据就呈现文本形式。

② 读写器发送数据序列到 ONS 的应用程序中。

③ ONS 应用程序从数据序列中抽取 GS1 识别码和识别码类型。应该说明
的是，没有必要将数据流中的 GS1 识别码描述成主识别码。举例来说，集装
箱携带的串行集装箱代码（Serial Shipping Container Code，SSCC）作为主标示
符，而应用程序可能对集装箱内的与 GTIN（Global Trade Item Number）对应
的发现服务感兴趣，数据序列使用应用标示符 02 表明该 GTIN 所处的位置，
因此没有必要进行转换。例如，将从条码中抽取的数据序列转换成 GS1 元素
字串为（00）306141417782246356（02）50614141322607（37）20，其中的
GTIN 为 50614141322607。

④ ONS 应用程序显示 GS1 识别码类型、GS1 识别码、客户端语言代码（可

选）以及客户端国家代码（可选）。如 en|ca|gtin|50614141322607

⑤ ONS 客户端将 GS1 识别码类型和识别码转化成合适的 FQDN❶，并且将该区域的名称权威指针 NAPTR 表示成 DNS 的查询。例如，

5.0.6.2.2.3.1.4.1.4.1.6.0. gtin. gs1. id. onsepc. com

⑥ DNS 设备返回载有服务类型和关联数据（如 Uniform Resource Locators，URLs）的应答序列，这些应答序列往往指向一个或多个服务设备，如 EPCIS 或者移动商业设备。

⑦ ONS 客户端从 DNS NAPTR❷ 记录中抽取数据类型和服务数据，并根据一定的规则解析后返给 ONS 应用程序。

⑧ 应用程序说明数据对应的服务类型。

ONS 调用 DNS 查询过程如图 3-10 所示。

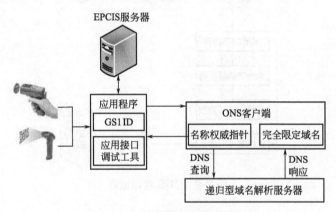

图 3-10　ONS 调用 DNS 查询过程

其中，ONS 实现 EPC 数据与 URI 数据相互转换的过程如下。

（1）EPC 码转换为 URI 格式

例如：um:epc:id:sgtin:厂商识别码.产品代码.系列码，其中，um:epc:id:sgtin 为前置码，而厂商识别码、产品代码、系列码这三部分码已经包念在 EPC 中。

---

❶　FQDN（fully qualified domain name，完全限定域名）是指该名称在所有其他命名空间或类型中唯一标识该命名空间或类型。一种用于指定计算机在域层次结构中确切位置的明确域名。一台网络中的计算机包括两部分：主机名和域名。mycomputer. mydomain. com。

❷　名称权威指针：DNS NAPTR 资源记录的功能是能够将原来的域名映射成一个新的域名或 URI（Uniform Resource Identifier），并通过 flag 域来指定这些新域名或 URI 在后继操作中的使用方法（DNS 利用较短的新 URI 提高其工作效率）。

（2）URI 格式转换为 DNS 查询格式步骤

① EPC 码转换为标签标准 URI 格式，例如：

um:epc:id:sgtin:0614141.000024.400。

② 移除 um:epc:前置码，剩下 id:sgtin:0614141.000024.400。

③ 移除最右边的序号（适用于 SGIN、SSCC、SGLN、GRAI 和 GID），剩下

id:sgtin:0614141.000024

④ 置换所有 ":" 为 "." 则有：

id. sgtin. 0614141. 000024

⑤ 反转前后顺序，有：

000024. 0614141. sgtin. id

⑥ 在字串的最后附加 .onsepc.com，结果为：

000024. 0614141. sgtin. id. onsepc. com

3.1.3.6 综合举例说明 ONS 运作

（1）URI 转成 DNS 查询格式的步骤

① EPC 转换成卷标数据标准 URI 格式：urn:epc:id:sgtin:0614141.000024.400；

② 移除 urn:epc:前置码，剩下 id:sgtin:0614141.000024.400；

③ 移除最右边的序号字段（适用于 SGTIN、SSCC、SGLN、GRAI、GIAI 和 GID），剩下 id:sgtin:0614141.000024；

④ 置换所有 ":" 成 "."，剩下 id. sgtin. 0614141. 000024；

⑤ 反转剩余字段：000024. 0614141. sgtin. id；

⑥ 附加 .onsepc.com 于字符串最后，结果为 000024. 0614141. sgtin. id. onsepc. com。

（2）本地 ONS 的 DNS 记录

DNS 解析器查询域名是使用 DNS Type Code 35（NAPTR）记录，DNS NAPTR 记录的内容格式如表 3-2 所示。

表 3-2 NAPTR 记录的内容格式

Order	Pref	Flags	Service	Replacemer	Regexp
0	0	u	EPC+epcis	.	!^.*$! http://example. com/cgi-bin/epcis!
0	0	u	EPC+ws	.	!^.*$! http://example. com/autoid/widget100. wsdl!
0	0	u	EPC+html		!^.*$! http://example. com/products/tingies. asp!

Order	Pref	Flags	Service	Replacemer	Regexp
0	0	u	EPC+xmlrpc	.	!^.*$! http://egateway1.xmlrpc.com/ servlet/example.com!
0	1	u	EPC+xmlrpc	.	!^.*$! http://egateway2.xmlrpc.com/ servlet/example.com!

各字段说明如下。

① Order：必须为零；

② Pref：必须为非负值，数字小的先提供服务，范例中 Pref 值的第四笔记录小于第五笔记录，故第四笔记录优先提供服务；

③ Flags：当值为 u 时，意指 Regexp 字段内含 URI；

④ Service：字符串需为 EPC 加上服务名称，服务名称为不同于 ONS 的服务；

⑤ Replacement：EPCglobal 用 "." 取代空白；

⑥ Regexp：将 Regexp 字段的 "!^.*$!" 和最后的 "!" 符号移除，就可发现提供服务的 URL，如 EPC 信息服务或搜寻服务的 URL。

由表 3-2 可以发现指标指向 EPCIS URL，客户可以使用 URL 向 EPCIS 查询相关产品信息，EPCIS 的查询及 API 使用可参考 EPCglobal 的标准文档。

(3) EPC 码查询 ONS 的步骤

① 经由 RFID Reader 读取 96 bits Tag 内 EPC，转为 URI 格式，例如：[urn:epc:id:sgtin:0614141.000024.400]；

② 转换方法可参考 EPC 转换为 URI 的说明；

③ 透过 ONS 找到本地 ONS 网址；

④ 再透过本地 ONS 找到 EPC 信息服务 URL；

⑤ 需先将 URI 转成 DNS 查询格式；

⑥ 使用 EPC 信息服务标准接口查询产品数据，标准接口可参考[EPC Information Services(EPCIS) Version 1.0, Specification Ratified Standard, 5 April 12, 2007]。

以表 3-3 及图 3-11 说明 ONS 查询步骤。

表 3-3　ONS 查询步骤

查询步骤	查询对象	数据维护	可查询的数据
1	根 ONS	EPCglobal	本地 ONS 的网址
2	本地 ONS(拥有该 EPC 管理者码)	EPC 管理者码的拥有者	EPCIS 的服务地址
3	EPCIS	EPC 编码者	该 EPC 的相关信息

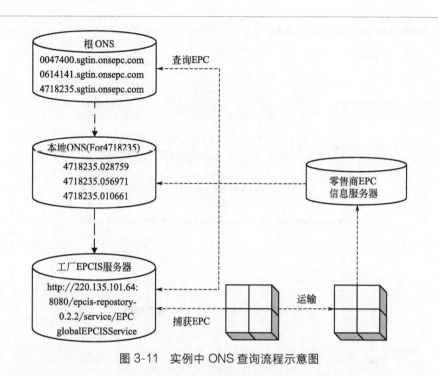

图 3-11　实例中 ONS 查询流程示意图

将上述步骤用在下列情境中，并配合信息系统画面，进行实例说明。

① 假设某一产品由一制造商经过仓储物流公司运送至零售点，零售点的 RFID 读取器读到 Tag 的数据 Hex 值为「30751FFA6C0A694000000001」，转成 EPC URI 格式为「urn：epc：tag：sgtin-96：3. 4718235. 010661. 1」或「urn：epc：id：sgtin：4718235. 010661. 1」，如图 3-12 所示；

② 将 URI 转成 DNS 查询格式「4718235. sgtin. id. onsepc. com」查询 ONS，得到本地 ONS 网址（例如：「4718235. sgtin. id. onsepc. com. tw」），EPCIS 商品数据库操作界面如图 3-13 所示；

③ 再向本地 ONS「4718235. sgtin. id. onsepc. com. tw」查询 EPCIS 的 URL，得到 http://220. 135. 101. 64：8080/EPCIS-repository-0. 2. 2/services/EPCglobalEPCISService，EPCIS 查询界面如图 3-14 所示；

④ 依查询本地 ONS 所得的 EPCIS 的 URL，查询该产品的 EPC 在制造工厂所发生的 Event 数据，由范例中 EPCIS 查询结果可看到：Object Event 的 Event 发生时间与 Record（写入数据库）的时间有差异，此乃正常物流作业上可能产生的现象。例如：Reader 读取的数据以批次方式整批地写入数据库中，就会造成读取时间与写入时间不同，此方式符合 EPCIS 规格标准。

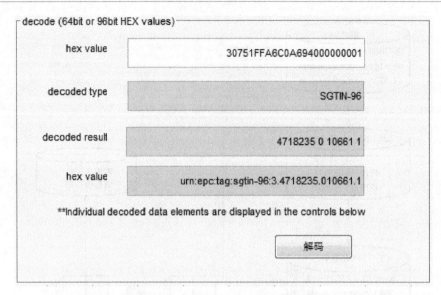

图 3-12　Tag 读取后的 URI 格式转换

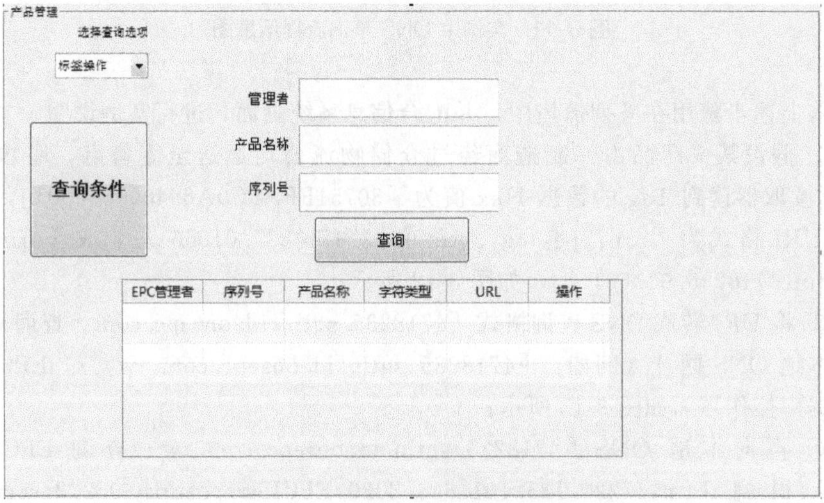

图 3-13　EPCIS 商品数据库操作界面

　　上述实例主要供企业负责人了解 ONS 服务在 EPC 网络架构中的角色及运作模式。在 EPC 网络架构下，任何贴有 EPC RFID Tag 的产品，可以通过此网络架构提供的信息接口（即 ONS），取得商品物流中的商品信息，实现物流信息透明与实时分享的功能。

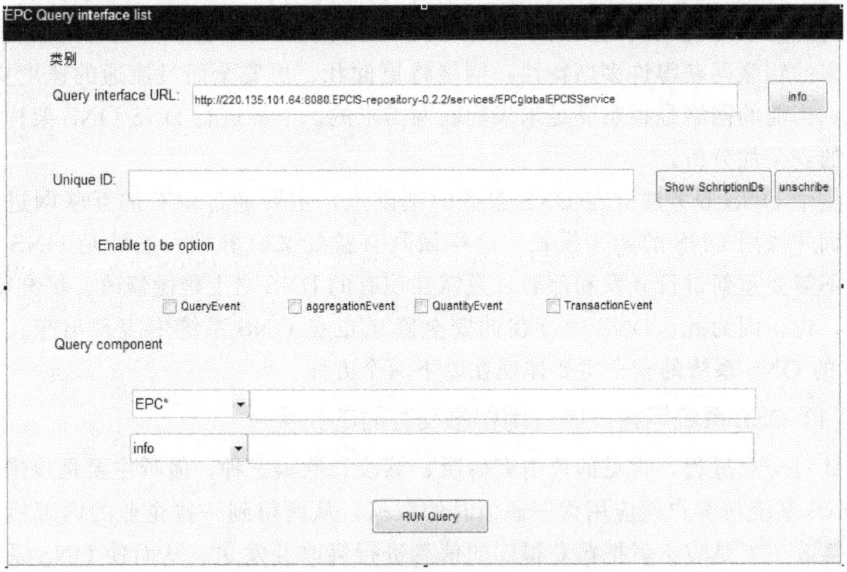

图 3-14　EPCIS 查询界面

EPCglobal 制定的 EPC 可以作为商品在国际贸易、供应链成员间衍生物流与信息流的介接，即将 EPC 当作商品物流与信息流的 Key Index，进而让商品信息可无缝式交换，甚至可汇整成商品的产销履历。此方式亦是让我国生产的商品于国际舞台上呈现优良质量与精致服务的渠道之一。经由国际标准一致的编码与解析机制来管理商品衍生出来的需求，如订单、库存、物流、客服、退货等，可以大大降低管理成本并提升运营绩效。

一般企业在架构 RFID 物流应用时，往往先考虑 RFID 硬件读取率与现场架设问题，甚至望而却步。如此会忽略正确的信息交换平台架构给企业带来的无限潜藏的效益。建议企业负责人初期投入时，可以将较少成本投入软件信息架构研究，而是在网络上收集相关信息或试用软件，虽然不完全符合最新标准规范，但有助于了解 EPC 网络架构，或咨询专业的产业协会，亦可收到不错的效益。

Walmart 及多家国际知名连锁零售公司连续几年来对供货商提出要求，促使国际上百家大知名供货商也纷纷加入 RFID 全球标准组织——EPCglobal Inc.，更进入 EPC 网络架构的新时代，享受着 RFID 带来的前所未有的好处。

3.1.3.7　DNS-ONS 网络技术

尽管现有的互联网技术为当今社会各个方面的发展提供了巨大的推动作用，

但是随着时代的变化，尤其是以物联网为代表的技术对现有的互联网提出了新挑战。为适应未来物联网的发展，不得不研究开发新的网络技术，这些网络技术将使未来的物联网获得许多新特性：网络将更健壮、更安全而且流通的速度更快。显然，当前的网络是很难满足未来物联网需求的。下面进行 DNS-ONS 架构下物联网的安全性分析。

整个 ONS 服务建立在 DNS 服务的基础上，主要通过现有的互联网进行信息查询并采用 DNS 的架构模式，这样做既有益处又有弊端。益处是 ONS 解析系统不需要重新进行开发和部署，只需在现有的 DNS 之上稍做修改、扩充就行。然而，也正因为此，DNS 中存在的安全隐患也在 ONS 系统中表现出来。基于 DNS 的 ONS 系统的安全主要体现在以下两个方面。

(1) ONS 系统与客户端应用程序交互时的安全

针对交互过程，常见的攻击有偷听、篡改和欺骗三种。偷听主要是攻击者截获 ONS 系统与客户端应用程序通信时的数据，从而得到一些企业的内部机密信息。篡改主要是攻击者把截获得到的信息进行篡改并发送，从而使 ONS 系统与客户端应用程序在交互过程中出现错误，给企业的信息交互带来损失。伪装主要是攻击者利用伪装技术，以伪装的身份欺骗 ONS 系统信任，从而进行查询服务。假如攻击者用非法手段得到了某产品的 EPC 标签，就可以利用伪装身份通过合法的 ONS 系统来查询这个 EPC 标签的详细信息或得到进一步相关服务的访问地址。

(2) 在 ONS 服务器内部保证 ONS 子服务器和根服务器交互的可信

现有的物联网 ONS 体系架构是在互联网 DNS 架构的基础上实现的，因此，DNS 中存在的多种问题必然带入 ONS 解析过程中，如根节点负载过重、查询延时较大、单点失效等问题，这些问题也将限制物联网的进一步发展和 ONS 命名解析服务机制的广泛推广。DNS-ONS 存在的问题如下：

① 根 ONS 归属权问题。现存的根 ONS 服务器是由美国 Verisign 公司维护运营的，包括了全球 14 台服务器。所以若想得到 ONS 并建立相应的网络，就必须得到美国公司的授权，无法保障安全性。

② 编码方案多样性。目前物联网的研究中存在多种编码方式共存的现状，统一的物联网编码标识体系尚未建立，企业无所适从，很多自行编码不利于统一管理和信息共享，因此，物联网中普遍存在技术标准不够完善、编码标准不够统一的问题，亟须建立一套公共统一的解析平台和相应的编码标准。

③ 编码方案多样性与解析体系的兼容性问题。由于物联网是一个新兴的行业，所以不同机构和国家都想在物联网标准方面进行控制，都有自己的编码和解析标准，基于 DNS 的 ONS 系统和这些标准之间的兼容性存在很多问题。

④ 查询解析时延过大和负载过重问题。物联网中的设备很多，所以需要大量的物品编码，查询量也变得很大。利用现有的 DNS 进行 ONS 解析服务，必然会造成很大的服务压力，引起巨大的时延和过载，成为 ONS 的瓶颈。

作为快速、实时、准确采集与处理信息的高新技术和信息标准化的基础，RFID 已经被公认为 21 世纪十大重要技术之一，在生产、零售、物流、交通等各个行业有着广阔的应用前景。目前，国际上存在五个与 RFID 相关的标准制定组织，其中，EPCglobal 由于其出身的优越性，在这些组织中占据领导的地位，而其部分标准与 ISO 组织推荐的相关标准的融合，更激发了其标准在全球推广的价值，目前，在欧美有众多的使用者，譬如沃尔玛、美国国防部、麦德龙、思科等。

现今全球 ONS 由 EPCglobal 委任 VeriSign 营运，已设有 14 个信息中心用以提供 ONS 搜索服务，同时建立了 7 个 ONS 中心，它们共同构成了全球国际产品电子代码访问网络。基于这一物联网，企业可以和网络内与之配合的任一企业进行供应链信息数据的交换。随着 RFID 技术的不断成熟和 EPCglobal 标准的不断完善，众多企业对 RFID 技术的应用将由企业内部的闭环应用过渡到供应链的开环应用上，ONS 服务作为物联网框架下的关键技术，有着广泛的应用前景。

3.2 产品电子代码信息服务器

产品电子代码信息服务是 EPCglobal 的一项标准，目的是使贸易伙伴之间共享供应链信息。它为企业提供了一个统一的方法，即抓住供应链事例的事件、地点、时间和原因，并与企业内部应用和外部合作伙伴共享信息。任何与商品和财产的流动有关的商业流程，都会因产品电子代码提供的、不断提升的信息而更透明化。

由于在标签上只有一个 EPC 代码，计算机需要知道与该 EPC 匹配的其他信息，由 ONS 提供一种自动化的网络数据库服务，EPC 中间件将 EPC 传给 ONS，ONS 指示 EPC 中间件到一个保存着产品文件的服务器（EPCIS）查找，该文件可由 EPC 中间件复制，因而文件中的产品信息就能传到供应链上。

EPCIS 提供开放和标准的接口，允许在公司内部和公司之间使用定义良好的无缝集成服务。EPCIS 标准通过使用服务操作和相关数据标准实现可视化事件数据捕获和查询，同时采用适当的安全机制来满足公司的需要。在许多情况下，通过基本的网络服务方法，为没有永久数据库存储的应用级的信息共享提供可视化事件数据的永久存储方法。

需要注意的是，EPCIS 规范并没有规定服务操作和数据本身如何执行，包括 EPCIS 服务如何获取和计算所需的数据，除非捕获外部数据时使用标准的 EPCIS 捕获操作。无论有没有永久数据库，规范仅仅代表数据共享的接口。

EPCIS 扮演的角色是 EPC 网络中的数据存储中心，所有与 EPC 有关的信息都放在 EPCIS 中。EPCIS 承担着数据存储和共享的任务。从信息的观点来看，EPCIS 本身不只是一个实体的数据库，还有各种接口，以便于连接到各个数据库，真正与 EPC 编码有关的商品信息是放在这些实体数据库中的。在 EPC 网络的规划中，供应链中的企业包含制造商、流通环节、零售商，这些都需提供给 EPCIS，只是分享的信息内容有差别，而其沟通的界面是利用网页服务技术，让其他的应用系统或交易伙伴可以通过标准接口进行信息的更新或查询。

3.2.1　EPCIS 与 GS1 之间的关系

EPC 网络是严格遵循 GS1 构建的，由识别、捕获和共享三层网络分层框架实施的网络。

EPCIS 扮演的角色是 EPC 网络中的信息存储中心，所有与 EPC 有关的信息都放在 EPCIS 中，即 EPCIS 承担着数据存储和共享的任务。EPCIS 提供了一个模块化、可扩展的数据和服务接口，使 EPC 的相关数据可以在企业内部或者企业之间共享。所以 EPCIS 使用的目的在于应用 EPC 相关数据的共享来平衡企业内外部不同的应用。

GS1 标准支持供应链中相互联系的终端客户的信息需求，特别是供应链中商业过程的参与者之间的相互联系信息。这些信息可以是现实世界中的实体对象，也可以是业务流程的一部分。现实世界中的实体包括公司之间的交易物品，如产品、原材料、包装等，以及与现实实体相关的贸易伙伴需要的设备和材料等的贸易流程，如存储、运输、加工实体等业务流程。现实世界中的实体可能是有形的物体，也可能是数字或概念。实体对象包括消费电子产品、运输存储，生产基地（实体）的位置等。数字对象也是实体，包括电子音乐、电子书、电子优惠券等。

根据供应链商业过程中的需求，GS1 标准需要对现实世界中的实体提供信息支撑，因而标准扮演了不同的角色。根据角色的不同，GS1 标准可被划分成识别、捕获和共享三个层次。而 EPCIS 属于捕获和共享层，属于 EPC 物联网的上层结构。EPCIS 位于整个 EPC 网络构架的最高层，不仅是原始 EPC 观测数据的上层数据，也是过滤和整理后的观测数据的上层数据。EPCIS 在物联网中的位置如图 3-15 所示。

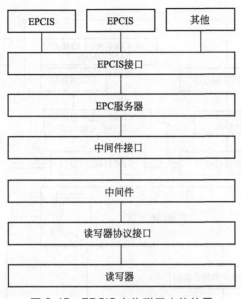

图 3-15　EPCIS 在物联网中的位置

EPCIS 接口为定义、存储和管理 EPC 标识的物理对象的所有数据提供了一个框架，EPCIS 层的数据用于驱动不同企业的应用。

将图 3-15 中的结构扩展开来，就形成了 EPCIS 与 GS1 详细的分层关系图，如图 3-16 所示。

EPCIS 捕获接口是架设在捕获和共享标准之间的桥梁，EPC 查询接口为贸易伙伴之间的内部应用程序和信息共享提供可视化的事件数据查询。

数据捕获应用程序的核心是数据采集工作流程，它负责监控业务流程的步骤，并在其中实现数据捕获。接口设置的目的是实现多层数据捕获架构中的抽象对象之间的隔离。

建立 EPCIS 的关键就是用 PML 来组建 EPCIS 服务器，完成 EPCIS 的工作。PML Core 主要用于读写器、传感器、EPC 中间件和 EPCIS 之间的信息交换。由 PML 描述的各项服务构成了 EPCIS，EPC 编码作为一个数据库搜索的关键字使用，由 EPCIS 提供 EPC 标识对象的具体信息。实际上 EPCIS 只提供标识对象的接口信息，可以连接到现有数据库、应用、信息系统或标识信息的永久数据库。

所有数据捕获组件之间的相互联系已经被统一成编码数据。底层数据捕获工作流识别条码数据、RFID 编码数据、人工输入数据等，但传输接口屏蔽这些底层硬件的数据采集细节。

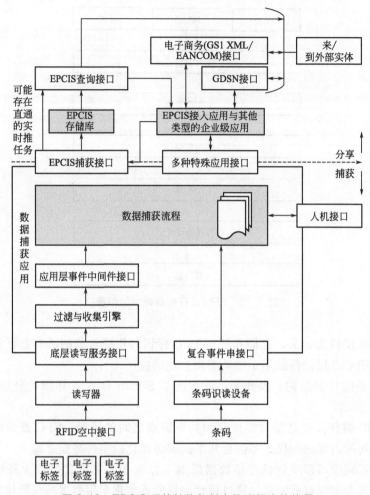

图 3-16　EPCIS 系统结构与其在物联网中的位置

3.2.2　EPCglobal 信息服务 EPCIS 规范

　　EPCglobal 定义了 EPC 规范，通过提供开放的标准，使物品被唯一标识，方便物品在世界各地流通。EPCIS 是 EPCglobal 的标准，对物品在流通过程中物品地点和状态等进行详细描述。EPCIS 规范是一个中立的数据携带者，可以被用作 RFID 标签的数据、条形码或者其他数据的载体。并且它为交易各方提供 EPC 数据共享的规范，从而提高全球供应链的效率、安全以及可见性。如图 3-17 所示，EPCIS 处于 EPCglobal 规范的中层，它捕获来自下层的数据，经过一些逻辑处理存储到自身的数据库中，然后接收来自其他应用系统等外部系统的查询请求并提供查询接口，以达到信息共享的目的。

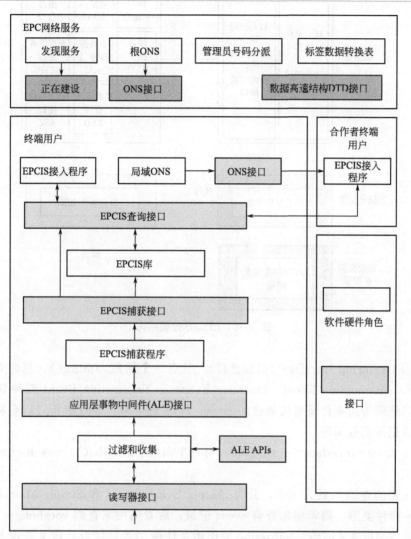

图 3-17 EPCIS 的架构：角色与接口规范

EPCIS 规范是一个层次化、可扩展和模块化的框架结构。它的扩展性体现在这个规范不仅定义了抽象层次数据的结构和意义，而且提供了面向特定应用或工业领域的数据扩展方法。它的模块化主要体现在它的模块之间是低耦合和高内聚的。它的层次化主要体现在它是一个分层的架构，如图 3-18 所示。各个层次描述如下。

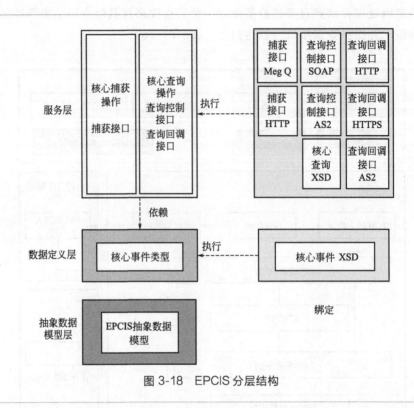

图 3-18　EPCIS 分层结构

① Capturing Interface（捕获接口）：只有一个函数 capture()，包含 Object Event、Aggregation Event、Quantity Event 及 Transaction Event 四种触发事件，当外部传送事件及对应属性的 Event Type 进来时，经过解析之后会将各项属性值记录至数据库。

② Query Interface（查询接口）：有三个函数 subscribe()、unsubscribe() 及 poll()。

主要的查询函数是 poll，分为 Simple Event Query 和 Simple Master Data Query 两种类型，前者用来查询 event 记录，后者则用来查询 vocabulary。查询结果以 XML 格式回传。Subscribe 的作用是让使用者可以自行定义查询条件及时间，执行周期式的固定查询，unsubscribe 是取消 subscribe 功能。

③ Vocabulary：只有一个函数 addVocabulary()，让使用者订阅想使用但却不在标准中的任何 Vocabulary Item，作为扩充使用。但是仍需遵守 vocabulary 的定义规则，定义的结果按照自行设定的 schema 存储于数据库中。

④ EPCIS Repository：是存储 EPC 数据的数据库，存放 EPCIS 定义的四种 Event Type 数据及使用者自行定义的 Vocabulary 数据。

（1）抽象数据模型层（Abstract Data Model Layer）

该层定义了 EPCIS 数据的抽象结构。EPCIS 主要处理事件数据和主数据。事件数据指的是在业务逻辑过程中产生的数据，比如××年××月××日 13：23 在地点 L 观测到 EPC x，且事件数据随着业务的进行在数量上有所增长。主数据是为了理解事件数据而提供的上下文信息数据，比如上面的事件数据中地点 L 指的是中国上海 A 公司的分发中心，主数据不随业务的进行而增加，但是当增加规模而需要另外的数据来解释事件数据时，主数据会相应增加。抽象数据模型层包括事件数据、事件类型、事件字段、主数据、词汇表、词汇表项和主数据属性。抽象数据模型层定义所有 EPCIS 内部数据的通用结构，主要涉及事件数据（Event Data）和主数据（Master Data）两种类型，如图 3-19 所示。

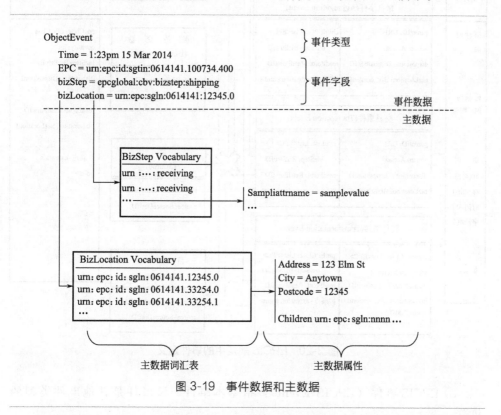

图 3-19　事件数据和主数据

Event Data 用来表示业务流程，它通过 EPCIS 捕获接口获取发生的事件。若要查询这些事件数据，则要通过 EPCIS 查询接口来实现查询的动作。

主数据提供一些附加信息来解释说明事件数据。若要查询，则利用 EPCIS 查询控制接口来实现查询的动作。

(2) 数据定义层 (Data Definition Layer)

该层是整个 EPCIS 规范的核心，主要定义核心事件类型。如图 3-20 所示，此模块定义了一个基本事件和五个子事件，其中子事件来源于供应链活动。

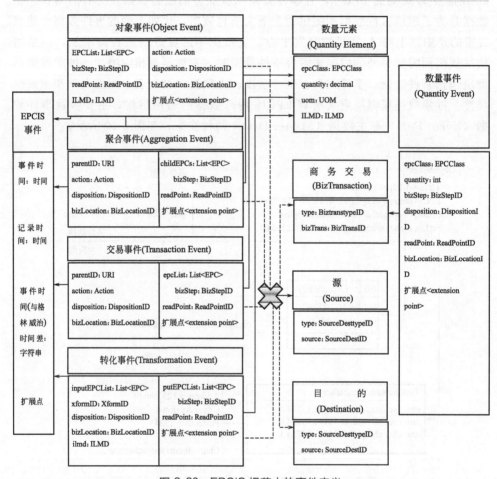

图 3-20　EPCIS 规范中的事件定义

① EPCIS 事件 (EPCIS Event)：指基本事件。该事件是其他事件类型的父类。

② 对象事件 (Object Event)：指单个商品发生的事件信息。该事件类型较简单且应用方便。供应链中除事件类型，其他业务流程基本都可以用 Object Event 来表示。

③ 数量事件 (Quantity Event)：指一类产品所发生的事件。用于表示某特

定数量的一批 EPC 发生的事件,这是为了兼容条形码数据。

④ 聚合事件(Aggregation Event):指一些聚合或解散事件。在供应链活动中,"打包"与"解包"操作时常可见。针对这种需求,聚合事件中包含被聚合或解散的物体的 EPC 列表,同时包含其"容器"的标识,即聚合事件的 parentID。

⑤ 交易事件(Transaction Event):指与商业表单相关联的事件,表示与商业交易有关的事件,如销售事件。

⑥ 转化事件(Transformation Event):转化事件可以捕获被实例层或类层识别的物理或数字对象的信息,而这些信息是指明输入和输出之间关系的。一些商业转化过程具有很长的周期,中间可能经过多次交易转化,合适的做法是设置一个转化 ID(Transformation ID),并为转化 ID 赋予两个或多个转化事件,以连接交易的输入输出。

对象事件是物理意义上的读写器读到标签的事件,聚合事件是若干个带有标签的物品被放到一个容器(包含与被包含、父标签和子标签),统计事件是统计某种标签标识的物品的库存容量,交易事件是一次标签识读标识某种交易的发生。

(3)服务层(Service Layer)

该层定义了 EPCIS 最重要的 4 个接口规范,分别是 Core Capture 接口规范、Core Query 接口规范、Query Control 接口规范和 Query Callback 接口规范。其中 Core Capture 接口规范处于下层,其他三个处于上层,是两层式结构。Core Capture 接口规范定义了从底层取得数据并向上发送的操作。Query Control 接口与 Query Callback 接口均继承了 Core Query 接口。Query Control 接口规范定义获取数据的方式为"拉式",即一次请求一次应答。Query Callback 接口规范定义了获取数据的方式为"推式",即用户先对感兴趣的数据进行注册,然后可以通过该接口周期性地返回数据。

(4)绑定(Bindings)

绑定是数据定义层的具体实现和服务。其目的在于连接数据定义层与服务层的元件,使 EPCIS 具有数据分享的能力。数据定义层中的各个事件数据形态都有对应的 XML Schema。

例如:核心查询操作模块中的查询控制接口是一个经由 WSDL 绑定(binding)到 HTTP 中的 SOAP 协议。

在本规范中共有九个绑定定义了数据和服务。核心数据定义了事件类型,数据定义模块给出了到 XML 模式的绑定。核心 EPCIS 捕获接口中的捕获操作模块给出了消息队列和 HTTP 服务之间的绑定。EPCIS 查询控制接口中的核心查询操作模块给出了通过 WSDL 绑定到 HTTP 上的 SOAP 网页服务的描述。

(5) EPCIS 的工作原理

EPCIS 主要由客户端模块、数据存储模块、数据查询模块三部分组成。其工作流程可描述为:

① 客户端完成 RFID 标签信息向指定 EPCIS 服务器的传输;

② 数据存储模块将数据存储在数据库中,在产品信息初始化的过程中调用通用数据生成针对每一个产品的 EPC 信息,并将其存入 PML 文档中;

③ 数据查询模块根据客户端的查询要求和权限,访问相应的 PML 文档,生成 HTML 文档,再返回客户端。具体的工作内容如表 3-4 所示。

表 3-4　EPCIS 主要的工作内容

目标模块	任务描述
实体的分类和描述	标签授权,将信息按照不同的层次写入标签
数据监控和存储	捕获信息
数据查询服务	观测对象的整个运动,修改标签冗余信息并记录,以备查阅

EPCIS 有两种运行模式,一种是 EPCIS 信息被已经激活的 EPCIS 应用程序直接应用;另一种是将 EPCIS 信息存储在数据库中,以备今后查询时进行检索。

3.3　EPCIS 系统设计示例

整个 EPCIS 系统设计主要包括数据库设计、文件结构设计、程序流程设计三部分。

3.3.1　数据库设计

数据库用来记录产品类型等信息,当单个产品 RFID 码对应的信息传入系统时,应用程序访问数据库表,获取相关信息加入 PML 文档中。数据库主要维护两张表,一个是 generate 表,另一个是 show 表。generate 表中每个记录对应一个产品类型(表 3-5),show 表中每个记录对应一个具体的产品(表 3-6)。

表 3-5　数据库内 generate 表

字段名称	说明
Producttypenum	产品类型编号字段,如 101
Order	产品类型编号字段已分配序列号字段

续表

字段名称	说明
Productname	产品类型名称字段,如"可口可乐"
Manage ASP URL	产品类型字段,用于批量生成 PML 文档的 ASP 程序的路径
Password	密码字段,用于保护批量生成 PML 文档的 ASP 文件

表 3-6 数据库内 show 表

字段名称	说明
RFID	产品类型编号字段,如 101
PML URL	产品对应 PML 文档所在的路径字段
SHOW ASP URL	路径指示字段,用于指示负责将读写器捕获的信息输入 PML 文档及文档内容 ASP 程序所在路径
\<time\>	
\<address\>	
\<temperture\>	传感信息字段,代表了读写器传过来的传感信息
\<humidlity\>	
\<air_pressure\>	
\<permission\>	客户端传过来的其所有权的权限

3.3.2 EPCIS 的文件目录

表 3-7 给出了 EPCIS 的文件目录,每种产品类型 xxx 需要一个 xxxshow.asp 文件、1 个 xxx.asp 文件和一个 xxx 文件夹。表中程序除了 Client.exe,其余程序均运行在 EPCIS 服务器端。

表 3-7 EPCIS 的文件目录

文件名称	说明
Productmanage.mdb	数据库文件,包含 generate 表和 show 表
Client.exe	客户端程序,用于从事串口读取的 RFID 码和传感器信息,连同权限传送给 EPCIS 服务器
Server.asp	服务程序,根据 EPCIS 码将传感信息及权限插入到 show 表相应的条目中,然后调用 SHOWASPURL 字段所指定的 ASP 程序
xxxshow.asp	产品信息处理程序
Login.asp	权限管理文件

文件名称	说明
xxx.asp	用于批量生成 PML 文档
xxx	用于存储同一类型产品 PML 文件的文件夹

3.3.3 EPCIS 的系统流程

客户端程序的设计主要完成 RFID 数据的读取、串行数据转换成 IP 数据包、发送至服务，如图 3-21 所示。

数据存储程序的主要流程是维护 generate 表和 show 表，如图 3-22 所示。

数据查询程序的主要流程如图 3-23 所示。

系统的主要模块设置如图 3-24 所示。

① 捕获模块（Capture Module） 负责处理被捕获的事件数据。事件格式检查包括时间、EPC、URI 的格式检查，避免无法辨识、错误或描述不清的事件数据被存储到 EPCIS 中。

② 查询模块（Query Module） 主要提供 EPCIS 使用者端的一个事件资料查询界面。企业咨询系统或使用者可以通过查询接口向 EPCIS 提出查询要求。

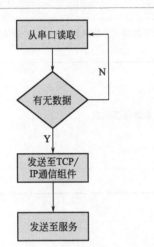

图 3-21 EPCIS 客户端程序工作流程

查询的要求分为三种：

a. Simple Event Query：提供事件数据的查询，如供应链中包装、收货、送货等事件的查询。

b. Master data Query：提供事件相关的数据，包括商业流程所使用的专用术语、事件发生地点、物品处置的专用语等。

c. Subscription：为非同步的 Simple Event Query 提供需周期性或持续追踪的事件查询。

③ 订阅查询模块（Subscription Module） 主要提供周期性及持续性的事件查询，可能是追踪一笔订单的所有事件、某一个特定物品的所有事件或某一个生产步骤的所有事件。

Subscription Management 负责管理并维护所有订阅者的查询需求，负责订阅以及取消订阅的管理。

订阅查询又分为 Schedule 及 Trigger 两种查询方式。Schedule 为周期性查询，Trigger 为触发性查询。

④ 安全模块（Security Module） 主要用于改善事件数据存取的安全性及隐私性，以防止 EPCIS 使用者端存取未授权的其他公司的事件查询。

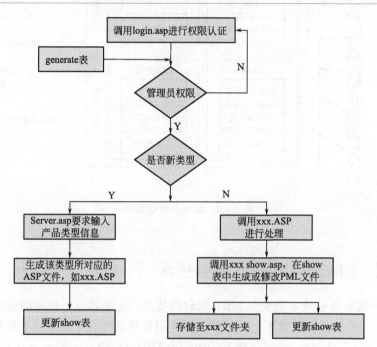

图 3-22 数据存储程序的主要流程

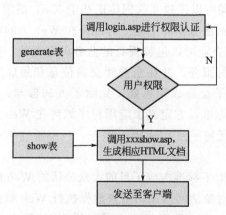

图 3-23 数据查询程序的主要流程

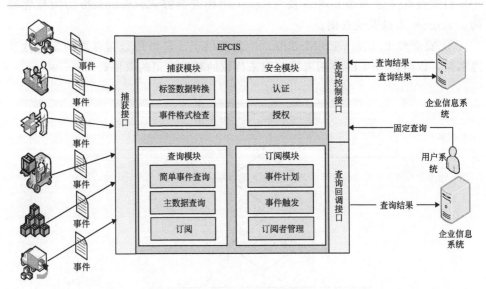

图 3-24　系统的主要模块

3.3.4　EPCIS 中 Web 服务技术

Web 服务是一种完全基于 XML 的软件技术。它提供一个标准的方式用于应用程序之间的通信和互操作，而不管这些应用程序运行在什么样的平台和使用什么架构。W3C 把 Web Service 定义为由一个 URI（Uniform Resource Identifier）识别的软件系统，使用 XML 来定义和描述公共界面及其绑定。通过使用这种描述定义，应用系统之间可以通过互联网传送基于 XML 的消息进行互操作。从使用者的角度而言，Web 服务实际上是一种部署在 Web 上的对象/组件。

通过 Web 服务，企业可以包装现有的业务处理过程，把它们作为服务来发布，查找和订阅其他的服务，并在企业间交换信息和集成对方的服务。Web 服务使应用到应用的电子交易成为可能，免除了人的参与，极大地提高了效率。Web 服务平台是一套标准，它定义了应用程序如何在 Web 上实现互操作性。可以使用任何语言，在任何平台上写 Web 服务，只要通过 Web 服务标准对这些服务进行查询和访问。

Web 服务技术由以下标准构成了目前大众公认的 Web 服务最佳实现。

① SOAP：简单对象访问协议，用来远程执行 Web 服务的技术。它是 Web 服务的基本通信协议。SOAP 规范定义了怎样用 XML 来描述程序数据（Program Data），怎样执行 RPC（Remote Procedure Call）。

② WSDL：Web 服务描述语言，用来描述服务的技术。WSDL 是一种 XML 文档，它定义了 SOAP 消息和这些消息是怎样交换的。IDL（Interface Description Language）用于 COM 和 CORBA，WSDL 用于 SOAP。WSDL 是一种 XML 文档，可以阅读和编辑，但很多时候是用工具来创建，由程序来阅读。

③ UDDI：统一描述、发现和集成协议，用来查找服务的技术。UDDI 用来记录 Web 服务信息。可以不把 Web 服务注册到 UDDI。但如果要让所有的人知道该 Web 服务，需要注册到 UDDI。

④ XML：可扩展标记语言。除了底层的传输协议外，整个 Web 服务协议栈是以 XML 为基础的，XML 贯穿于 Web 服务三大技术基础 WSDL、UDDI、SOAP 之中。

参考文献

[1] Zheng F, Huang J, Zhang Y. RFID Information Acquisition: An Analysis and Comparison between ONS and LDAP [C]. Information Science and Engineering（ICISE）, 2009 1st International Conference on IEEE, 2010.

[2] Kypus L. Security of ONS service for applications of the Internet of Things and their pilot implementation in academic network[C]. Carpathian Control Conference（ICCC）, 2015 16th International IEEE, 2015.

[3] Deng H, Kang H. Research on High Performance RFID Code Resolving Technology[C]. Third International Symposium on Intelligent Information Technology and Security Informatics, IITSI 2010, Jinggangshan, China, April 2-4, 2010. IEEE Computer Society, 2010.

[4] Rosenkranz D, Dreyer M, Schmitz P, et al. Comparison of DNSSEC and DN-SCurve securing the Object Name Service（ONS）of the EPC Architecture Framework [C]. Smart Objects: Systems, Technologies and Applications（RFID Sys Tech）, 2010 European Workshop. 2010.

[5] Wu N, Chang Y S, Yu H C. 2007 1st Annual RFID Eurasia-The RFID Industry Development Strategies of Asian Countries[J]. IEEE 2007 1st Annual RFID Eurasia-Istanbul, Turkey. 2007.

[6] Steve Winkler. Radio Frequency Identification（RFID）Resources and Readings[M]. Produktionsmanagement. Gabler, 2006.

[7] Lin X. Logistic geographical information detecting unified information system based on Internet of Things[C]. Communication Software and Networks（ICCSN）, 2011 IEEE 3rd International Conference on IEEE, 2011.

[8]　Hyun S R, Lee S J. A Design and Implementation of EPCIS Repository for RFID and Sensor Data[J]. 2010.

[9]　Choi W Y, Lee J T. A Study on RFID System Design and Expanded EPCIS Model for Manufacturing Systems [J]. Journal of the Korea Contents Association, 2007, 9 (6).

[10]　Anders Björk, Åsa Nilsson, Martin Erlandsson. Environmental monitoring, EPCIS, LCA, RFID, Forestry industry [J]. 2011.

[11]　Huifang Deng, Ying Chen. Realization of RFID resolution service using "EPCIS directory+ PML" mode with structured cache [C]. International Conference on Supply Chain Management & Information Systems. IEEE, 2011.

[12]　Benes F, Svub J, Stasa P, et al. EPCIS Implementation and Customization for Automotive Industry[J]. Applied Mechanics & Materials, 2014, 718: 131-136.

[13]　Seung-Ryul Hyun, Sang-Jeong Lee. An Integrated Design of Middleware and EPCIS for RFID and Sensor Data [J]. Journal of the korean institute of electrical & electronic material engineers, 2012, 17 (1): 193-202.

[14]　Choi, WeonYong, Rhee, JongTae. Application of RFID System for MES Enhancement -Focused on EPCIS Expended Model[J]. Journal of the korea contents association, 2007, 7 (12): 333-345.

[15]　Carlos Cerrada, Ismael Abad, José Antonio Cerrada. Implementing EPCIS with DEPCAS RFID Middleware[C]. International Workshop on Rfid Technology-concepts. DBLP, 2015.

[16]　De P, Basu K, Das S K. An ubiquitous architectural framework and protocol for object tracking using RFID tags[C]. First International Conference on Mobile & Ubiquitous Systems: Networking & Services. IEEE, 2004.

[17]　Meints M, Gasson M. High-Tech ID and Emerging Technologies——The Future of Identity in the Information Society[M]. Springer Berlin Heidelberg, 2009.

第4章

射频识别的硬件设计

本章着重介绍射频识别的硬件设计，虽然全球化分工合作已经把相关的硬件设计提到高度集成化水平，然而必须清醒地认识到硬件设计对信息专业的重要性。相关硬件主要围绕射频电路的核心器件展开，使读者对高频电路的特性及设计手段有一定的认知，结合当前一些主流的设计方法和辅助软件，对最新的硬件设计理论方法有深入的理解，能够达到设计功能电路的水平。

4.1 射频电路设计基础

与以往的无线通信收发机相比，RFID 中射频电路设计的关键点主要集中在高集成度、低功耗、低价格以及天线的特殊要求上。除此之外，原理上并没有本质的区别，对一个电子标签来说，收发机的电路仍然包含必备的无线通信收发模块、滤波器、混频器、振荡器、判决器以及高频电路切换器，射频电路示意图见图 4-1。滤波器是快速掌握高频电路特性的关键，也是内容最为丰富的部分。

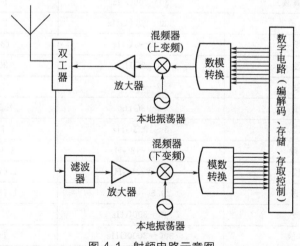

图 4-1 射频电路示意图

该射频电路处理模型应用是非常广泛的，多数无线系统都是在该模型基础上完善和改进的。读写器和电子标签的电路基本上也采用上述电路结构，只是电路设计的部分细节有少许的差别。

4.1.1　射频与频段

射频（Radio Frequency，RF）表示可以从波导辐射到自由空间的电磁场的频率，是电磁频率中的一段特定频率，其频率范围从 300kHz～300GHz，是非常宽的。任何一个电子与电气工程师，必须对电磁场的频谱有一定的了解。表 4-1 为电气和电子工程师协会（IEEE）对电磁频谱的划分[1]。

表 4-1　IEEE 对电磁频谱的划分

频段	频率	波长
ELF（极低频）	30～300Hz	10000～1000km
VF（音频）	300～3000Hz	1000～100km
VLF（甚低频）	3～30kHz	100～10km
LF（低频）	30～300kHz	10～1km
MF（中频）	300～3000kHz	1～0.1km
HF（高频）	3～30MHz	100～10m
VHF（甚高频）	30～300MHz	10～1m
UHF（特高频）	300～3000MHz	100～10cm
SHF（超高频）	3～30GHz	10～1cm
EHF（极高频）	30～300GHz	1～0.1cm
亚毫米波	300～3000GHz	1～0.1nm
P 波段	0.23～1GHz	130～30cm
L 波段	1～2GHz	30～15cm
S 波段	2～4GHz	15～7.5cm
C 波段	4～8GHz	7.5～3.75m
X 波段	8～12.5GHz	3.75～2.4cm
Ku 波段	12.5～18GHz	2.4～1.67cm
K 波段	18～26.5GHz	1.67～1.13cm
Ka 波段	26.5～40GHz	1.13～0.75cm
毫米波	40～300GHz	7.5～1mm
亚毫米波	300～3000GHz	1～0.1cm

不同频段的电磁频谱被规定用于特定的应用场景，任何电磁设备都要按照标

准申请使用电磁频率，除非是用于科研实验的频段。不遵守行业标准滥用电磁频谱可能会造成其他频段电磁设备无法正常运行，带来经济与法律的风险和危害。表 4-2 给出了在我国不同波段频谱的划分情况[2]。

表 4-2　我国不同波段频谱的划分

频段/MHz	分配/用途
450~470	专用双频通信，农村无线接入
470~806	数字电视，微波接力
806~821	数字集群通信上行
821~825	无线数据通信（未分配）
825~835	中国电信 CDMA 上行
835~840	中国电信 CDMA 上行，已退回
840~845	RFID 专用
845~851	微波接力
851~866	数据集群通信下行
866~870	无线数据通信（未分配）
870~880	中国电信 CDMA 下行
880~885	中国电信 CDMA 下行，已退回
885~890	铁路 E-GSM 上行
890~909	中国移动 GSM 上行
909~915	中国联通 GSM 上行
915~917	ISM 频段，未授权限制
917~925	立体声广播
925~930	RFID 专用
930~935	铁路 E-GSM 下行
935~954	中国移动 GSM 下行
954~960	中国联通 GSM 下行
960~1215	航空导航
1215~1260	科研，定位，导航
1260~1300	空间科学，定位，导航
1300~1350	航空导航，无线电定位
1350~1400	无线电定位
1400~1427	卫星地球勘探
1427~1525	点对多点微波系统
1525~1559	海事卫星通信

续表

频段/MHz	分配/用途
1559～1626	航空、卫星导航
1626～1660	海事卫星通信
1660～1710	气象卫星通信、无线电话
1710～1735	中国移动 GSM 上行
1735～1745	中国联通 GSM1800
1745～1765	中国联通 FDD 上行
1765～1780	中国电信 FDD 上行
1780～1785	FDD 专用频段
1785～1805	民航专用频段
1805～1830	中国移动 GSM 下行
1830～1840	中国联通 GSM 下行
1840～1860	中国联通 FDD 下行
1860～1875	中国电信 FDD 下行
1875～1880	FDD 保护频段(电信)
1880～1900	移动 TD-SCDMA/TD-LTE
1900～1920	使用 TDD 频段,原 PHS 占用
1920～1940	使用中国电信 FDD 上行(正式文件为 1920～1935)
1940～1965	中国联通 WCDMA/FDD-LTE 上行
1965～1980	FDD 上行(未分配)
1980～2010	卫星通信
2010～2025	TD-SCDMA/TD-LTE
2025～2110	固定台、移动台、卫星通信等
2110～2130	使用电信 FDD 下行(正式文件为 2110～2135)
2130～2155	中国联通 WCDMA/FDD 下行
2155～2170	FDD 下行(未分配)
2170～2200	卫星通信
2200～2300	固定台、移动台、卫星通信等
2300～2320	中国联通 TDD
2320～2370	中国移动 TDD
2370～2390	中国电信 TDD
2390～2400	无线电定位、TDD 补充频段(未分配)
2400～2483.5	ISM 频段,未授权限制:WLAN、近场通信、医疗、导航、点对点扩展通信等

续表

频段/MHz	分配/用途
2483.5～2500	卫星广播、卫星移动
2500～2535	卫星广播、卫星移动、TD-LTE 主力频段
2535～2555	TDD 频段(未分配)
2555～2575	中国联通 TDD
2575～2635	中国移动 TDD
2635～2655	中国电信 TDD
2655～2690	TD-LTE 频段(未分配)
2690～2700	固定台、移动台、广播等
2700～2900	航空无线电导航
2900～3000	无线电导航、定位
3400～3600	空间无线电台测控
5275～5850	点对点或点对多点扩频通信系统、高速无线局域网、宽带无线接入系统、蓝牙、车辆无线自动识别等

4.1.2　射频电路的一般结构

当前在计算领域、通信领域所用的电路基本都属于高频高速电路，与普通电路相比，其在电路的工作原理和设计方法上有根本的不同。主要原因在于射频电路中普通的欧姆定律和基尔霍夫定律只适用于直流或低频的集总参数模型电路，而这里的电阻、电感、电容完全是一个独立的器件。例如，我们并不考虑一个电路添加一个电阻后带来的附加电容特性或电感特性。然而一旦进入到射频电路领域，这些集总式模型是无法反映客观实际的，因为任何的电子器件，包括导线的电阻、电容和电感特性必须被重新考虑。

射频识别电路从整体结构来说与一般的射频电路没有太大区别，其本身属于近距离通信范畴，通信范围从几厘米到几百米，因此电路本身也有自己的一些特征。本章将系统解决射频识别系统中的电路设计问题。一般的射频系统结构如图 4-2 所示[3～5]。

本结构是经典的射频电路的电路架构方式，移动通信、无线网络技术、无线传感器技术以及射频识别技术都采用这样的电路架构。从中线划分为两个部分，上面部分为发射机，下面部分为接收机。输入的数字信号，从左端的数字电路开始，首先通过数-模转换电路（DAC）转换为低频的模拟信号，低频模拟信号通过混频器与本地振荡器转换为高频信号，然后被功率放大器放大，在经过功分器（图 4-2 所示的切换开关）进入到天线中，天线就是一个能够把波导（导线）内的电磁能转换为自由空间中的电磁信号的换能器，信号通过电磁场发射出去。而接收机的工作方式恰好相反，自由空间中的电磁场通过天线把能量转换为波导内的（导线内的）电磁场，然后经过接收端的功率放大器（一般分为前置放大器和主放大器）将弱信号放大到适合电路处理的电压等级（或电流等级）。通过低通滤波后进入到模-数转换电路（ADC），模-数转换电路一般通过一个整形器和判决器转换为数字电路。

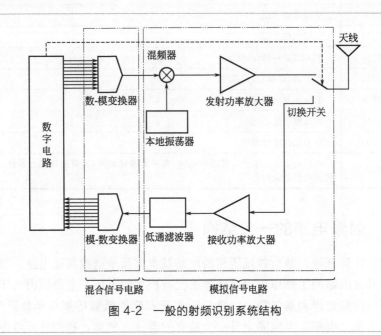

图 4-2　一般的射频识别系统结构

4.2　无源器件的射频特性

常用的无源器件包括电阻、电容和电感，其中，电阻 R 可认为是与频率无关的量，用实数表示，而电容 C 和电感 L 是与频率密切相关的量。在高频电路分析中，用纯虚数表示阻抗的大小。电感和电容对应的阻抗分别用式(4-1a) 和式(4-1b) 表示：

$$X_C = \frac{1}{\mathrm{j}\omega C} \tag{4-1a}$$

$$X_L = \mathrm{j}\omega L \tag{4-1b}$$

高频领域无源器件不仅要考虑电阻、电容和电感的阻抗特性，也要考虑导线、线圈的阻抗特性，甚至要考虑印刷电路板上的一段敷铜的电阻和电容、电感分布。这涉及传输线理论中的分布式模型问题。在分析高频器件时，有必要对阻抗这个概念加以说明[6,7]。

阻抗是在分析高频高速电路时使用的一个概念，在有电阻、电感和电容的电路里，元器件对电路中的电流所起的阻碍作用叫作阻抗。阻抗常用 Z 表示，是一个复数，实部称为电阻，虚部称为电抗。电容在电路中对交流电所起的阻碍作用称为容抗，电感在电路中对交流电所起的阻碍作用称为感抗，电容和电感在电路中对交流电所起的阻碍作用总称为电抗。阻抗的单位是欧姆。阻抗的模通常反映器件对信号幅度的影响，而从阻抗这一复数得到的相位，通常对信号的相位产生一个提前或滞后的效果。

对元器件的阻抗表示方法，可能仍有不少的读者产生疑惑，其理论根据来自麦克斯韦方程，想追根溯源可参考电磁场理论基础的相关书籍[8]。

（1）高频电阻

低频电子器件中的电阻主要是通过转换为热能的方式产生压降效果，同时具有分流的作用。但是对于高频领域，会受电路尺寸效应的影响，电阻有电极和 PN 节的作用，其引线的寄生电感、接触电容和 PN 节的寄生电容也无法忽略。因此即使是一个电容，其等效电路也是非常复杂的[9]。

目前在射频电路和微波电路中常用的电阻主要是薄膜片状电阻，该类电阻的主要特点是可以把尺寸做得很小，适合制作表面贴片器件。标称为 R 的电阻可以等效为如图 4-3 所示的分布式网络。

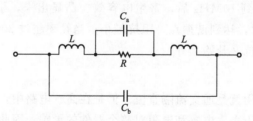

图 4-3 电阻的等效电路

其中，导线的等效电感为 L，用 C_a 表示 PN 节内电荷分离效应，C_b 表示引线之间的电容，引线的电阻跟标称电阻相比很小，因此一般可省略，另外引线电容 C_b 通常远小于内部的或寄生的电容，所以也常被忽略。

例 4-1 求金属膜电阻的射频阻抗响应。

一长度为 2.5cm，AWG26 铜线连接的 500Ω 金属膜电阻等效电路表示如图 4-3 所示。工作在高频频段，寄生电容 $C_a = 5$pF，其寄生电感计算公式为 $L = \dfrac{1.54}{\sqrt{f}} \mu$H（这里已经计入了两端的电感），其中 f 是电流信号的振荡频率。

根据论述可以写出整个电路的阻抗：

$$Z = j\omega L + \frac{1}{j\omega C_a + 1/R} \tag{4-2}$$

代入相关数值即可得到该金属膜电阻阻抗的绝对值与频率的关系，绘成曲线如图 4-4 所示。

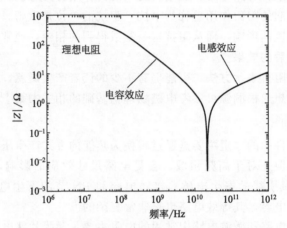

图 4-4　500Ω 金属膜电阻阻抗的绝对值与频率的关系

通过图 4-4 可以发现，工作在低频时，电阻特性明显，维持原电阻阻值，为 500Ω，当频率上升到 10MHz 后，寄生电容效应凸显出来，引起整体阻抗减小，当频率为 20GHz 时，达到谐振点，阻抗最小；当频率超过 20GHz 时，电感特性开始凸显出来，阻抗又开始上升。

（2）高频电容

电容的基本作用就是通交流隔直流。但是在高频电路中，电容的特性表现得更为复杂。原因在于寄生电感和电阻对整个器件的影响，因此有必要重新构建分布式模型对电容的阻抗进行分析。射频电路和微波电路中常用的电容是贴片式电容，该类电容用于滤波器、放大器、整形器等电路中。考虑电容的欧姆热损耗效应以及电极的寄生电感，可以将高频电容等效成图 4-5 所示的电路。

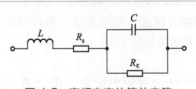

图 4-5　高频电容的等效电路

图中，L 为引线的寄生电感；R_s 为导线热损耗；R_ε 为半导体的介质损耗电阻。

例 4-2　求电容的射频阻抗响应。

一个 47pF 的电容，其材质为氧化铝，引线为长 1.25cm 的 AWG26 铜线。

引线相关的电感为 $L = \dfrac{771}{\sqrt{f}}\mathrm{nH}$，电极引线串联电阻为 $R_\mathrm{s} = 4.8\sqrt{f}\,\mu\Omega$，并联泄漏

电阻 $R_\varepsilon = \dfrac{33.9 \times 10^6}{f}\mathrm{M}\Omega$

根据论述可以写出整个电路的阻抗：

$$Z = \mathrm{j}\omega L + R_\mathrm{s} + \frac{1}{1/R_\varepsilon + \mathrm{j}\omega C} \tag{4-3}$$

代入相关数值即可得到该电容阻抗的绝对值与频率的关系，绘成曲线即阻抗值与频率的特性曲线，如图 4-6 所示。

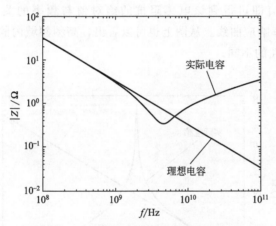

图 4-6 电容的阻抗绝对值与频率的关系

（3）高频电感

对电感的分析可以用类似于前面对电阻和电容的分析方式，如图 4-7 和图 4-8 所示。

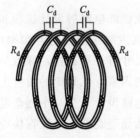

图 4-7 在电感线圈中的分布电容和串联电阻

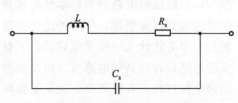

图 4-8 高频电感等效电路

这里仅考虑简单的线圈式电感，因此其抽象出的等效电路网络比较简单。不同种类的电感应做进一步分析，才能得到正确的电路结构。但这里只分析最简单的一类。

例 4-3 求电感的射频阻抗响应。

如图 4-7 所示的一段电感，假设其电感值为 $L = 61.4\text{nH}$，其寄生电容 $C_s = 0.087\text{pF}$，等效的串联电阻为 $R_s = 0.034\Omega$，忽略其趋肤效应。

根据论述可以写出整个电路的阻抗：

$$\frac{1}{Z} = \frac{1}{j\omega L + R_s} + j\omega C_s \tag{4-4}$$

代入相关数值即可得到该电感阻抗的绝对值与频率的关系，从而得到如图 4-9 所示的频率响应曲线。从图上也可以看出，高频领域内的电感跟低频理想阻抗曲线有根本性的不同。

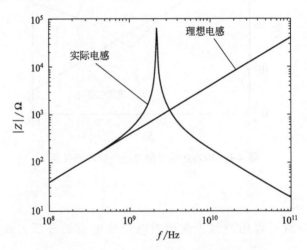

图 4-9 一个 RFC 阻抗电路的频率响应曲线

通过对高频射频器件的分析，可以了解射频或微波电路的设计过程和器件选型与使用跟低频电路有着根本性的区别。这种区别主要是因为随着频率的增加，信号进入到射频领域，信号的波长变得与器件的尺寸有了可比性，导致分析器件的过程中必须计入一些在低频场合下有很小影响的因素。从理论的角度上讲，从低频电路设计到高频电路设计以及到射频和微波电路设计，是一个逐渐复杂逐渐精密化的过程。其终极理论就是麦克斯韦方程，然而麦克斯韦方程直接应用到电路分析实在过于复杂。而采用分布式网络结构，化场为路是一个有效的化简方法。

4.3 射频识别中的滤波器设计

滤波器是射频电路的核心器件之一，主要用于噪声的滤除和多路信号的分离，如图 4-10 所示。其工作原理是使特定频率或频段内的信号衰减很大，而使所需要的信号衰减较小。滤波器主要用来滤除信号中无用的频率成分，例如，滤除一个较低频率的信号中包含的一些较高频率成分。

图 4-10 时域信号经过滤波器后的信号变化

根据使用器件的不同，可以把滤波器划分为无源滤波器和有源滤波器，无源滤波器由电阻、电感和电容或其他的无源器件构成，而有源滤波器是建立在放大器电路基础上的一类器件，是由放大器、电阻、电容组成的滤波电路，具有信号放大功能，且输入、输出阻抗容易匹配。从性能上来说，有源滤波器性能要高于无源滤波器，同时价格也高于无源滤波器。从滤除的频段来说，滤波器被划分为四类：低通、高通、带通和带阻滤波器[10~12]，见图 4-11。

滤波器的输出与输入关系通常用电压转移函数 $H(s)$ 来描述，电压转移函数又称为电压增益函数，它的定义如式（4-5）所示。

$$H(s) = \frac{U_o(s)}{U_i(s)} \tag{4-5}$$

式中，$U_o(s)$ 与 $U_i(s)$ 分别为输出、输入电压的拉氏变换。在正弦稳态情况下，$s = j\omega$，电压转移函数可写成式（4-6）的形式。

$$H(j\omega) = \frac{\dot{U}_o(j\omega)}{\dot{U}_i(j\omega)} = |H(j\omega)| e^{j\phi(\omega)} \tag{4-6}$$

式中，$\dot{U}_o(j\omega)$、$\dot{U}_i(j\omega)$ 分别表示输出与输入的幅值；$H(j\omega)$ 称为幅值函数或增益函数，它与频率的关系称为幅频特性；$\phi(j\omega)$ 表示输出与输入的相位差，称为相位函数，它与频率的关系称为相频特性。

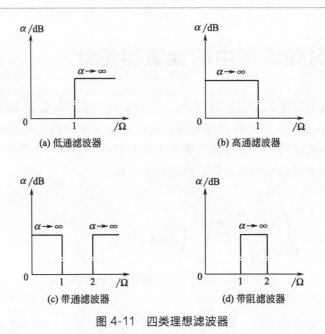

图 4-11　四类理想滤波器

4.3.1　滤波器的基本结构和参数

　　首先分析无源滤波器的特性。理想滤波器要求通带内的损耗越小越好，而阻带内的损耗越大越好。但是对于实际器件来说这是不可能的，因为任何的电子器件都有损耗。阻带并非是一条理想的直线，而是不断起伏的波浪线，带与带之间的过渡也不是阶跃函数，而是有一定的上升和下降边沿。实际上，并不存在理想的带通滤波器。滤波器并不能使期望频率范围外的所有频率完全衰减掉，尤其是在所要的通带外还有一个被衰减但是没有被隔离的范围。这通常称为滤波器的滚降现象，用每十倍频的衰减幅度的 dB 数来表示。通常，设计滤波器尽量保证滚降范围越窄越好，这样滤波器的性能就与设计更加接近。然而，随着滚降范围越来越小，通带就变得不再平坦，开始出现"波纹"。这种现象在通带的边缘处尤其明显，这种效应称为吉布斯现象。图 4-12 以二项式（巴特沃斯）滤波器、切比雪夫滤波器以及椭圆函数低通滤波器展示了真实滤波器的幅频响应曲线。

　　图 4-12 所示的几类滤波器，其带内并非是平坦的，而且通带和阻带之间存在明显的上升或下降区间，即所谓的滚降现象。

　　综上分析可知，对滤波器来说，以下几种参数对滤波器的性能影响很大，分别是插入损耗、纹波、带宽、矩形系数、阻带抑制比。

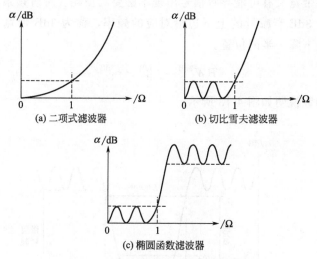

图 4-12　三种低通滤波器的实际衰减曲线

（1）插入损耗

虽然理想情况下，滤波器的损耗可以认为在通带内为零，但是实际上任何的电子器件都有固有的阻抗，因此必然带来信号能量上的损耗。好的滤波器插入损耗是较小的，但仍然不是零。可以从输入能量和输出能量的比值来考虑该滤波器插入损耗的特性，见式(4-7)。

$$L_i = 10\lg\frac{P_{in}}{P_{out}} = -10\lg(1 - |\varGamma_i|^2) \tag{4-7}$$

式中，P_{in} 是输入端的功率；P_{out} 是输出功率；$\varGamma_i$ 是从信号源向滤波器方向看能量的反射系数。

（2）纹波（纹波系数）

滤波器在带内的损耗是有起伏的，这个起伏跟边沿的滚降速度成正向关系，即滚降速度越快，纹波起伏越强烈。

为了反映信号响应的平坦度，可定义纹波系数，即通带内响应幅度最大值和最小值之比，然后取对数后就可以得到纹波系数，其单位通常采用 dB。

采用不同的多项式设计出来的滤波器，纹波系数会有很大不同。设计滤波器的一个重要目标就是寻找纹波系数较小的，同时要注意滚降速度，且满足要求的那一类滤波器。

（3）带宽

带宽对滤波器来说也是非常关键的参数，过大的带宽可能使滤除噪声的效果下降，过小的带宽又有可能导致信号出现不必要的损耗。对射频系统来说，带宽的定义对应于 3dB 衰减量的上下边沿对应的频率，称为 3dB 带宽。3dB 衰减量恰好对应能量下降一半的位置。

$$BW^{3\mathrm{dB}}=f_{\mathrm{H}}^{3\mathrm{dB}}-f_{\mathrm{L}}^{3\mathrm{dB}} \tag{4-8}$$

具体的参数说明如图 4-13 所示。

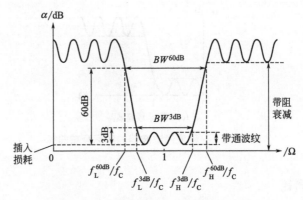

图 4-13　带通滤波器的典型衰减曲线

图 4-13 给出了一个实际的带通滤波器的衰减曲线，3dB 衰减点处对应着阻带的起始位置，该处信号的能量衰减为信号能量的一半，而且到达 60dB 衰减位置非常迅速。

（4）矩形系数

所谓矩形系数就是 60dB 带宽 $BW^{60\mathrm{dB}}$ 与 3dB 带宽 $BW^{3\mathrm{dB}}$ 的比值（式 4-9），该系数反映了滤波器在截止频率附近的滚降速度或陡峭程度。应用时，矩形系数越接近 1 越好。

$$SF=\frac{BW^{60\mathrm{dB}}}{BW^{3\mathrm{dB}}}=\frac{f_{\mathrm{H}}^{60\mathrm{dB}}-f_{\mathrm{L}}^{60\mathrm{dB}}}{f_{\mathrm{H}}^{3\mathrm{dB}}-f_{\mathrm{L}}^{3\mathrm{dB}}} \tag{4-9}$$

（5）阻带抑制比

在理想情况下，希望阻带具有无限大的衰减量，但实际无法做到，因为每个器件无论如何设计都只能得到有限的衰减量。为了设计出足够好的滤波器，只能期望阻带的抑制能够超过某个设计值。通常以 60dB 为阻带抑制比的设计值。

（6）中心频率

中心频率反映了带通型滤波器工作频段的中心频率位置。通过式（4-10）来确定其中心位置。

$$f_c = \frac{f_H^{3dB} + f_L^{3dB}}{2} \tag{4-10}$$

（7）品质因子

该参数描述了滤波器等射频器件或微波器件的频率选择性，通常定义为在谐振频率下，平均储能与一个周期内平均耗能的比值，见式（4-11）。

$$Q = \omega_R \frac{w_{sav}}{w_{loss}} \tag{4-11}$$

式中，ω_R 为谐振频率；w_{sav} 为一个周期内的平均储能；w_{loss} 为一个周期内的平均耗能。

4.3.2 无源滤波器的设计

4.3.2.1 无源低通滤波器的设计

无源低通滤波器是采用电感、电容、电阻等无源器件构成的网络实现滤波的作用。下面通过简单电路构造的滤波器来说明其原理和设计方法。

滤波器分析的关键在于划分为简单的串联的电路网络。例如，图 4-14(a) 所示的电路，根据实际情况可以划分为四个级联的简单模块，见图 4-15。

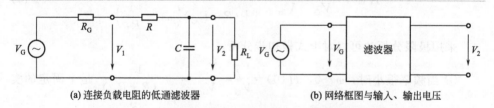

(a) 连接负载电阻的低通滤波器　　　　　　　(b) 网络框图与输入、输出电压

图 4-14　插入在信号源与负载电阻之间的低通滤波器

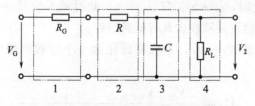

图 4-15　四个 ABCD 参量网络的级联

用四端口网络级联可以得到整个网络的 $ABCD$ 参数：

$$\begin{bmatrix} A & B \\ C & D \end{bmatrix} = \begin{bmatrix} 1 & Z_G \\ 0 & 1 \end{bmatrix} \begin{bmatrix} 1 & Z \\ 0 & 1 \end{bmatrix} \begin{bmatrix} 1 & 0 \\ 1/Z_C & 1 \end{bmatrix} \begin{bmatrix} 1 & 0 \\ 1/Z_L & 1 \end{bmatrix}$$

$$= \begin{bmatrix} 1 & R_G \\ 0 & 1 \end{bmatrix} \begin{bmatrix} 1 & R \\ 0 & 1 \end{bmatrix} \begin{bmatrix} 1 & 0 \\ j\omega C & 1 \end{bmatrix} \begin{bmatrix} 1 & 0 \\ 1/R_L & 1 \end{bmatrix} \tag{4-12}$$

$$= \begin{bmatrix} 1+(R+R_G)\left(j\omega C+\dfrac{1}{R_L}\right) & R_G+R_L \\[2mm] j\omega C+\dfrac{1}{R_L} & 1 \end{bmatrix}$$

式中，$Z_G=R_G$，$Z_L=R_L$，$Z_C=\dfrac{1}{j\omega C}$。

根据电压和电流输入输出关系可以写出各个简单四端口网络：矩阵的主轴都是 1，副轴上方是串联阻抗，下方填并联阻抗的倒数。由于 $ABCD$ 参数矩阵中的 A 就是 V_G 与 V_2 的比值，所以只需要写出矩阵的第一项即可。

$$A = \frac{V_G}{V_2} = 1+(R+R_G)\left(j\omega C+\frac{1}{R_L}\right) \tag{4-13}$$

在使用时往往采用 $H=\dfrac{1}{A}$。该函数反映了该系统的全部信息，信号通过该系统的衰减和相位变换信息全部在其中。

即有如下形式：

$$H(\omega) = \frac{V_2}{V_G} = \frac{V_{out}}{V_{in}} = \frac{1}{1+(R+R_G)\left(j\omega C+\dfrac{1}{R_L}\right)} \tag{4-14}$$

采用极限分析法可以对上式做初步分析：

① 当频率很小时，$\omega \to 0$，$H(0)=\dfrac{V_2}{V_G}=\dfrac{V_{out}}{V_{in}}=\dfrac{1}{1+\dfrac{(R+R_G)}{R_L}}$，是个固定的实数，与频率没有关系，此时系统对信号的影响仅仅是引入了固定的欧姆热损耗。

② 当频率很大时，$\omega \to \infty$，$H(\omega)=0$，此时的系统是一个零电压输出的系统，显示了该滤波器在高频段内具有低通特性。

如果系统的负载 $R_L \to \infty$，系统就转化为一个空载极限状况下的一阶传递函数：

$$H(\omega) = \frac{V_2}{V_G} = \frac{V_{out}}{V_{in}} = \frac{1}{1+j\omega C(R+R_G)} \tag{4-15}$$

$H(\omega)$ 就是系统理论中的传递函数。传递函数在射频系统设计中具有极其重要的作用，它的模反映系统的衰减情况，它的相位反映系统的延迟特性。对于衰

减通常用衰减系数 $\alpha(\omega)$ 表示，其单位是 dB。

$$\alpha(\omega) = -20\lg|H(\omega)| = -20\lg\sqrt{H(\omega)H(\omega)^*} \tag{4-16}$$

式中，$H(\omega)^*$ 是 $H(\omega)$ 的共轭函数。

相位延迟量为：

$$\phi(\omega) = \arctan\frac{\mathrm{Im}\left[H(\omega)\right]}{\mathrm{Re}\left[H(\omega)\right]} \tag{4-17}$$

利用式(4-17) 可以得到群时延：

$$\tau = \frac{\mathrm{d}\phi(\omega)}{\mathrm{d}\omega} \tag{4-18}$$

图 4-16 给出了典型参数($C=10\mathrm{pF}, R=10\Omega, R_G=50\Omega$)的低通滤波器的幅频响应曲线和相频响应曲线。

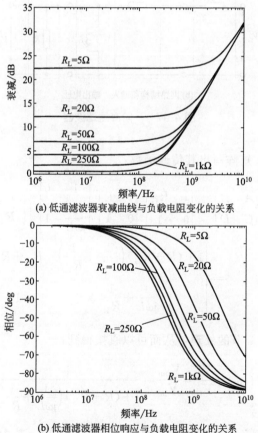

(a) 低通滤波器衰减曲线与负载电阻变化的关系

(b) 低通滤波器相位响应与负载电阻变化的关系

图 4-16　一阶低通滤波器响应与负载电阻变化的函数关系

4.3.2.2 无源高通滤波器的设计

图 4-17 给出了一个简单的一阶高通滤波器，这里用感抗取代了容抗，电路从一个低通滤波器变成高通滤波器。

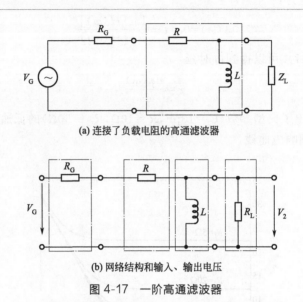

(a) 连接了负载电阻的高通滤波器

(b) 网络结构和输入、输出电压

图 4-17 一阶高通滤波器

仍然用 $ABCD$ 矩阵写出其传递函数：

$$\begin{bmatrix} A & B \\ C & D \end{bmatrix} = \begin{bmatrix} 1 & R_G \\ 0 & 1 \end{bmatrix} \begin{bmatrix} 1 & R \\ 0 & 1 \end{bmatrix} \begin{bmatrix} 1 & 0 \\ \dfrac{1}{j\omega L} & 1 \end{bmatrix} \begin{bmatrix} 1 & 0 \\ 1/R_L & 1 \end{bmatrix}$$

$$= \begin{bmatrix} 1+(R+R_G)\left(\dfrac{1}{j\omega L}+\dfrac{1}{R_L}\right) & R_G+R_L \\ \dfrac{1}{j\omega L}+\dfrac{1}{R_L} & 1 \end{bmatrix} \tag{4-19}$$

采用类似 4.3.2 节的处理，从而可以直接得到：

$$H(\omega) = \frac{V_2}{V_G} = \frac{V_{out}}{V_{in}} = \frac{1}{1+(R+R_G)\left(\dfrac{1}{j\omega L}+\dfrac{1}{R_L}\right)} \tag{4-20}$$

图 4-18 是不同负载电阻情况下高通滤波器的响应，其中 $L=100\text{nH}$，$R=10\Omega$，$R_G=50\Omega$。

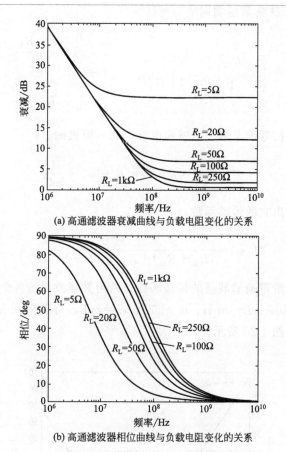

(a) 高通滤波器衰减曲线与负载电阻变化的关系

(b) 高通滤波器相位曲线与负载电阻变化的关系

图 4-18　高通滤波器响应与负载电阻变化的函数关系

4.3.2.3　无源带通滤波器和带阻滤波器的设计

带通滤波器或带阻滤波器可以采用串并联的 RLC 电路（图 4-19）。下面以带通滤波器的构造说明设计方法。

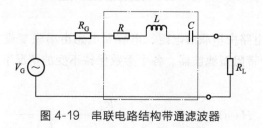

图 4-19　串联电路结构带通滤波器

同样以 $ABCD$ 参量说明网络的特征。

$$\begin{bmatrix} A & B \\ C & D \end{bmatrix} = \begin{bmatrix} 1 & R_G \\ 0 & 1 \end{bmatrix} \begin{bmatrix} 1 & Z \\ 0 & 1 \end{bmatrix} \begin{bmatrix} 1 & 0 \\ 1/R_L & 1 \end{bmatrix} = \begin{bmatrix} 1+\dfrac{Z+R_G}{R_L} & R_G+Z \\ \dfrac{1}{R_L} & 1 \end{bmatrix} \tag{4-21}$$

这里的总阻抗等于电阻、电感和电容串联后阻抗的和：

$$Z = Z_R + Z_C + Z_L = R + j\omega L + \frac{1}{j\omega C} \tag{4-22}$$

同样可以导出它的传递函数：

$$H(\omega) = \frac{1}{(R_L+R_G)+R+j[\omega L - 1/(\omega C)]} \tag{4-23}$$

这是一个一阶带通滤波器的传递函数，给定其滤波器的各个器件的参数 $R_L=R_G=50\Omega$、$L=5nH$、$R=20\Omega$、$C=2pF$，可以得到衰减-频率和相位-频率响应曲线如图 4-20 所示。

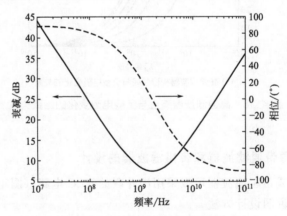

图 4-20　带通滤波器的响应

将上述 RLC 电路中串联的电阻、电容和电感由串联变成并联，其他参数不变，可以得到一个带阻型滤波器。各个参数保持不变的情况下，可得到其传递函数为：

$$H(\omega) = \frac{R_L}{(R_L+R_G)\left[\dfrac{1}{R}+j\left(\omega C - \dfrac{1}{\omega L}\right)\right]+1} \tag{4-24}$$

带阻滤波器的响应曲线如图 4-21 所示。

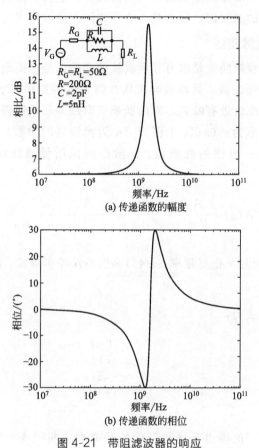

(a) 传递函数的幅度

(b) 传递函数的相位

图 4-21　带阻滤波器的响应

4.3.2.4　采用逼近方法产生的无源滤波器设计

要得到符合要求的特定的滤波器，其电子器件的网络远比前面分析的一阶滤波器复杂。其根源在于虽然前面的一阶滤波器从原理上展示了低通、高通、带通和带阻滤波器的可行性，但实际上这些滤波器的滚降速度或者说是边沿的陡峭程度不够，很难达到一个实际应用的效果。因此，为了逼近理想的滤波器，必须采用更复杂的结构来优化响应的参数[13]。

数学上，为了组合出任意的函数，常采用多项式叠加的方法。例如，傅里叶级数和勒让德多项式就可以把任意的函数展开，即使这些函数的阶数被限定在有限的大小，但也可以很好地模拟，这就是数学上的逼近理论。利用多项式函数模拟阶跃函数，从而生成低通滤波器、高通滤波器、带通或带阻滤波器等多种滤波器，如巴特沃斯滤波器、切比雪夫滤波器、贝塞尔滤波器、椭圆函数滤波器等。这里重点介绍巴特沃斯滤波器和切比雪夫滤波器。这两个滤波器各有特点：前者是一个带内最平坦的滤波器，后者是一个等波纹的滤波器[14]。

（1）巴特沃斯滤波器

这种滤波器的衰减曲线是没有任何波纹的，所以是一类最大平滑滤波器。这是一种幅度平坦的滤波器，其幅频响应从 0 到 3dB 的截止频率 ω_c 几乎是完全平坦的，但在截止频率附近有峰起，对阶跃响应有过冲和振铃现象，过渡带以中等速度下降，下降速率为 $-6n\,\mathrm{dB}/$ 十倍频（n 为滤波器的阶数），有轻微的非线性相频响应，适用于一般性的滤波器。n 阶巴特沃斯低通滤波器的传递函数可写为：

$$A(s)=\frac{A_0}{B(s)}=\frac{A_0}{s^n+a_{n-1}s^{n-1}+\cdots a_1 s+a_0} \tag{4-25}$$

式中，$s=\dfrac{\mathrm{j}\omega}{\omega_c}$ 为归一化复频率；$B(s)$ 为巴特沃斯多项式；a_{n-1}、$\cdots$、a_1、a_0 为多项式系数。

巴特沃斯多项式为：

$$
\begin{array}{cc}
n & B(s) \\
1 & s+1 \\
2 & s^2+\sqrt{2}s+1 \\
3 & (s^2+s+1)(s+1) \\
4 & 1+2.613s+3.414s^2+2.613s^3+s^4
\end{array}
\tag{4-26}
$$

巴特沃斯滤波器的特点是通频带内的频率响应曲线最大限度平坦，没有起伏，而在阻频带则逐渐下降为零，如图 4-22(a) 所示。

图 4-22 是巴特沃斯滤波器 [图（a）] 和同阶第一类切比雪夫滤波器 [图（b）]、第二类切比雪夫滤波器 [图（c）]、椭圆函数滤波器 [图（d）] 的频率响应图。

（2）切比雪夫滤波器

这种滤波器在通带内存在等纹波动，而衰减度比同阶数的巴特沃斯滤波器大，但相位响应畸变较大，适用于需快速衰减的场合，如信号调制解调电路。

在设计切比雪夫滤波器时，需指定通带内的纹波值 δ 和决定阶次 n 的衰减要求，低通切比雪夫滤波器传递函数可写为：

$$A(s)=\frac{A_0}{s^n+a_{n-1}s^{n-1}+\cdots a_1 s+a_0} \tag{4-27}$$

多项式系数通过查表可以得到。巴特沃斯滤波器和切比雪夫滤波器有相同形式的传递函数，但系数不一样，因此，多项式是不同的。

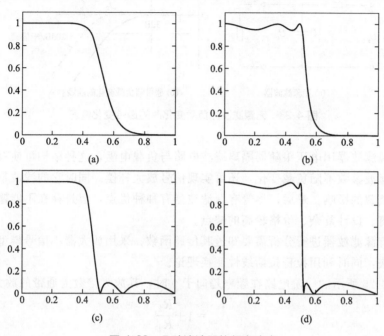

图 4-22　几种滤波器的频率响应

4.3.3　有源滤波器的设计

无源滤波器的优点在于其设计简单可靠，造价低廉，但仍存在一些不足，首先是所采用的无源器件都有固定的频率宽度，频率特性是器件固有的，只能通过器件选型来改变参数；其次，无源器件都有损耗，对于信号来说是无法提供增益的；再次，滤波器的性能跟输入输出的阻抗有固定的关系，滤波器性能要求输出阻抗要足够大，但是输出阻抗越大导致信号的损耗就越大，这种矛盾关系在无源滤波器中是无法根除的。

图 4-23 所示为无源滤波器负载变化时的通带变化情况。

图 4-23 中的虚线表示带负载时的通带情况，实线代表空载时的情况。

有源滤波器之所以被称为有源，主要是采用了有源器件，以三极管放大器作为放大元件，不仅可以提供信号的增益补偿，而且可以克服无源滤波器无法进行谐波抑制的缺点，实现了动态增益补偿和高阶谐波过滤的效果。有源滤波器如图 4-24 所示。

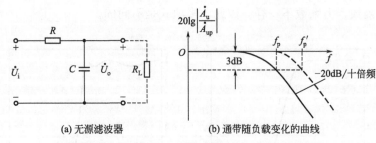

(a) 无源滤波器　　　　(b) 通带随负载变化的曲线

图 4-23　无源滤波器负载变化时的通带变化情况

有源滤波器用电压跟随器隔离滤波电路与负载电阻，这种结构可使有源滤波电路的滤波参数不随负载变化，还可实现信号放大补偿。同时它的滤波带宽不再受输出负载的影响。最后，尽管有源滤波器有种种优点，但是存在不能输出高电压大电流、设计复杂、价格较高的缺点。

对有源滤波器进行分析需要知道其传递函数，采用放大器小信号模型节点电流分析法，同时利用拉普拉斯线性变换理论。

图 4-25 所示的一阶电路在频率趋向于 0 时，其放大倍数为通带的放大倍数：

$$\dot{A}_{up} = 1 + \frac{R_2}{R_1} \tag{4-28}$$

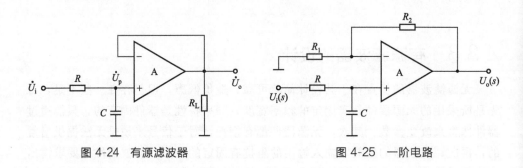

图 4-24　有源滤波器　　　　　　图 4-25　一阶电路

谐振频率决定于 RC：

$$f_p = \frac{1}{2\pi RC} \tag{4-29}$$

现在给出随频率变化的复信号，即传递函数：

$$\dot{A}_u = \frac{\dot{A}_u}{1 + j\dfrac{f}{f_p}} \tag{4-30}$$

式(4-30) 表明进入高频段的信号下降速度为－20dB/十倍频。经过拉普拉斯变换后，可得到其传递函数：

$$A_\mathrm{u}(s)=\frac{U_\mathrm{o}(s)}{U_\mathrm{i}(s)}=\left(1+\frac{R_2}{R_1}\right)\frac{1/sC}{R+1/sC}=\left(1+\frac{R_2}{R_1}\right)\frac{1}{1+sRC} \tag{4-31}$$

式中，$s=\mathrm{j}\omega$。

从图 4-26 给出的幅频特性曲线中可以看到，过渡带的滚降特性决定于 $\dfrac{1}{1+sRC}$ 项。

为了使过渡带变窄，通常增加其中 RC 的阶数才能有明显的效果。增加 RC 的阶数就是采用高阶滤波器。图 4-27 所示为一个简单的二阶滤波器。

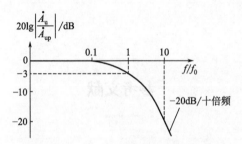

图 4-26　一阶滤波器的幅频特性

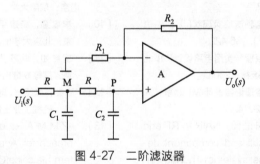

图 4-27　二阶滤波器

该电路引入了负反馈，利用节点电流法求解输出电压和输入电压之间的关系。其传递函数为：

$$A_u(s)=\left(1+\frac{R_2}{R_1}\right)\frac{1/s_{c_2}}{R+1/s_{c_2}}\frac{(R+1/s_{c_2})/\!/1/s_{c_1}}{R+(R+1/s_{c_2})/\!/1/s_{c_1}}=\left(1+\frac{R_2}{R_1}\right)\frac{1}{1+3sRC+(sRC)^2}$$

$$\tag{4-32}$$

图 4-28 可见，增加电路的阶数可以有效地降低过渡带的宽度，使滤波器的性能得到优化。

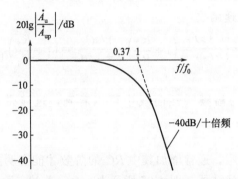

图 4-28　增加电路的阶数后过渡带的宽度变化

参考文献

[1]　黄疑.《中华人民共和国无线电频率划分规定》修订的相关情况说明[J]. 中国无线电，2017（12）：1-7.

[2]　彭键. 中国无线电频谱拍卖现状[J]. 上海信息化，2016（11）：36-42.

[3]　范博. 射频电路原理与实用电路设计[M]. 北京：机械工业出版社，2006.

[4]　黄玉兰. 射频电路理论与设计[M]. 北京：人民邮电出版社，2014.

[5]　CHANG K, BAHL I J, NAIR V. RF and microwave circuit and component design for wireless systems[J]. Wiley-Interscience, 2002.

[6]　吴飞，章建峰，杨祯，等. 印制电路板设计中的电磁兼容性问题研究[J]. 船舶工程，2015, 37（S1）：171-173.

[7]　韩刚，耿征. 基于 FPGA 的高速高密度 PCB 设计中的信号完整性分析[J]. 计算机应用，2010. 30（10）：2853-2856.

[8]　REINHOLD L D, GENE B. 射频电路设计——理论与应用[M]. 2 版. 王子宇，王心悦，等，译. 北京：电子工业出版社，2013.

[9]　王彦丰. CMOS RF 电感的设计与模拟[M]. 南京：东南大学，2005.

[10]　李福勤，杨建平. 高频电子线路[M]. 北京：北京大学出版社，2008.

[11]　胡宴如，耿苏燕. 高频电子线路[M]. 北京：高等教育出版社，2004.

[12]　陈会，张玉兴. 射频微波电路设计[M]. 北京：机械工业出版社，2015.

[13]　AZIM M A R, et al. A Filter-Based Approach for Approximate Circular Pattern Matching[C]. International Symposium on Bioinformatics Research and Applications. 2015.

[14]　WANG J, JIAO J. Implementation of Beamforming for Large-Scale Circular Array Sonar Based on Parallel FIR Filter Structure[C]. in FPGA: ICA3PP 2018 International Workshops. Guangzhou, China. 2018.

第5章

射频电路中的高频电路信号分析

射频识别电路以及无线通信系统中，通信总是工作在一个特定频段上，而且这个频段往往比基带信号的频率高很多，因此基带信号要发射出去，必须进行调制和混频。此时需要在射频电路中加入载波频率。载波信号往往是频段较高的等幅正弦波信号。载波的波段大多在 kHz 到 GHz 的频率范围内。对于振荡器来说其主要技术要求在于如何产生稳定的、单频特性良好的正弦波。然而在频率比较高的情况下，其固有的非线性特性越来越强烈，另外，在高频领域，随着频率的增高，其负载和内部电路都会因寄生阻抗的影响而变得十分复杂。因此从这个意义上来说，振荡器的电路设计并不简单[1]。

本章从最简单的 LC 振荡电路出发，了解产生振荡的基本原理，并讨论现代射频电路的设计方法。然后重点介绍混频器用于频率转换的基本功能、混频器实现混频的乘法操作以及在射频和微波领域内实现混频乘法运算的基本器件——二极管混频器。这类混频器的工作频率可以超过 100GHz[2]。

5.1 射频电路的基本理论

5.1.1 小信号模型分析法

小信号建模在射频电路分析中作用巨大，是分析非线性器件的基本方法，由小信号分析可以导出系统的传递函数。下面介绍双极结型晶体管（BJT）类非线性器件在输入交流小信号时的处理方法。

应该指出的是，小信号普遍的说法是激励电流中的交流信号比直流部分要小得多，但是这种说法不太严谨，所谓的小信号主要是针对非线性器件的工作曲线而言的，小信号模型可以很好地保证非线性器件在该信号范围内的非线性效应较弱，以至于仍然可以按照线性器件的特性处理信号[3]。

首先将非线性的 BJT 等效成一个非线性电路，并看作双端口网络，如图 5-1 所示。

用网络的 H(Hybrid) 参数来表示输入输出电压和电路之间的关系就可以得

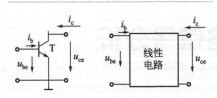

图 5-1　非线性 BJT 的等效电路

到对应的等效电路，该电路被称为共射 H 参数等效模型[4,5]。对于 BJT 双口网络，输入输出特性函数分别为：

$$u_{be} = f_1(i_b, u_{ce}) \tag{5-1}$$

$$i_c = f_2(i_b, u_{ce}) \tag{5-2}$$

在小信号情况下，对式（5-1）和式（5-2）两边进行全微分，得到式（5-3）和式（5-4）。

$$du_{be} = \left.\frac{\partial u_{be}}{\partial i_b}\right|_{U_{ceq}} di_b + \left.\frac{\partial u_{be}}{\partial u_{ce}}\right|_{I_{bq}} du_{ce} \tag{5-3}$$

$$di_c = \left.\frac{\partial i_c}{\partial i_b}\right|_{U_{ceq}} di_b + \left.\frac{\partial i_c}{\partial u_{ce}}\right|_{I_{bq}} du_{ce} \tag{5-4}$$

对于小信号来说，当信号的电压和电流都比较小且工作于静态工作点附近时，可以把小信号直接代入到上面的微分方程中，从而得到一组线型方程：

$$u_{be} = h_{ie}i_b + h_{re}u_{ce} \tag{5-5}$$

$$i_c = h_{fe}i_b + h_{oe}u_{ce} \tag{5-6}$$

下面我们来说明其中的各个参数的物理意义：

$h_{ie} = \left.\dfrac{\partial u_{be}}{\partial i_b}\right|_{U_{ceq}}$，输出端交流短路时的输入电阻，常用 r_{be} 表示；

$h_{re} = \left.\dfrac{\partial u_{be}}{\partial u_{ce}}\right|_{I_{bq}}$，输入端交流开路时的反向电压传输比（无量纲）；

$h_{fe} = \left.\dfrac{\partial i_c}{\partial i_b}\right|_{U_{ceq}}$，输出端交流短路时的正向电流传输比或电流放大系数，即 BJT 放大倍数 β；

$h_{oe} = \left.\dfrac{\partial i_c}{\partial u_{ce}}\right|_{I_{bq}}$，输入端交流开路时的输出电导，也可用 $\dfrac{1}{r_{ce}}$ 表示。

四个参数量纲各不相同，故称为混合参数模型。

上面得到的各个值为定义式，为得到各个参数之间的关系，往往 BJT 采用微变等效电路，如图 5-2 所示。

实际上 **H** 矩阵中的各个参数的数量级差别很大，如式（5-7）所示。

$$\boldsymbol{H} = \begin{bmatrix} h_{ie} & h_{re} \\ h_{fe} & h_{oe} \end{bmatrix} = \begin{bmatrix} 10^3\,\Omega & 10^{-3} \sim 10^{-4} \\ 10^2 & 10^{-5}\,s \end{bmatrix} \tag{5-7}$$

由于 h_{re} 和 h_{oe} 相对来说很小,因此常常忽略掉这两项的影响。

首先考察其输入回路,图 5-3(a) 所示的输入回路等效后可得到图 5-3(b) 所示的等效电路。

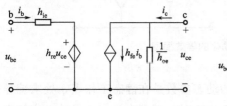

图 5-2　BJT 的微变等效电路

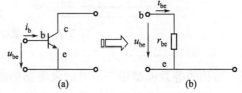

图 5-3　输入回路及其等效电路

对于加载在基极和射极之间的小信号,可以画出其伏安特性曲线,如图 5-4 所示。

对照图 5-4 所示的特性曲线,可以看到交流信号在小范围内,线性关系近似成立。因此可得到:

$$r_{be} = \frac{\Delta u_{be}}{\Delta i_b} = \frac{u_{be}}{i_b} \quad (5-8)$$

再考察输出回路,输出端相当于一个受 i_b 控制的电流源,且电流源两端并联了一个大电阻 $r_{ce} = \frac{\Delta u_{ce}}{\Delta i_c}$,该电阻很大,因此电阻

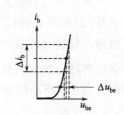

图 5-4　加载在基极和射极之间的小信号的伏安特性曲线

的效果往往会被忽略,如图 5-5 所示。放大因子 $\beta = \frac{\Delta i_c}{\Delta i_b}\bigg|_{u_{ce}} = \frac{i_c}{i_b}\bigg|_{u_{ce}}$。

结合图 5-6 所示的 H 参数等效电路,最终得到如图 5-7 所示的等效模型。

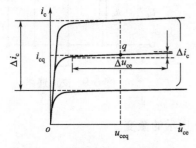

图 5-5　输出回路的伏安特性曲线

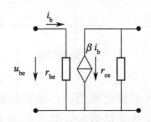

图 5-6　H 参数等效电路

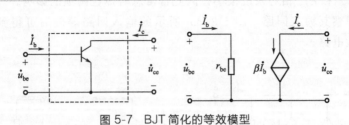

图 5-7　BJT 简化的等效模型

简化的等效模型用于研究放大电路的动态参数是在静态工作点 q 处求偏导得到的,因此它的应用范围仅限于小信号工作情况。模型中没有考虑结电容和寄生电容、电感的影响,所以只适于低频小信号的情况,因此该模型又被称为低频小信号模型。使用时要注意模型中各电压、电流的参考方向,参考方向的规定对 NPN 和 PNP 型的三极管均适用。

基本放大电路的分析方法和步骤:首先根据放大电路求直流通路,求出静态工作点 q 及 r_{be} 的值:$q(i_{bq}, i_{cq}, v_{ceq})$,$r_{be} = r_{bb'} + (1+\beta)26\text{mV}/i_e$,求放大电路的交流通路,根据交流通路,画微变等效电路。然后再根据微变等效电路求放大电路的动态参数:放大倍数、$\dot{a}_u$、输入电阻 r_i 和输出电阻 R_o。

下面以图 5-8 所示的电路为例,说明电路分析方法,求出微变等效电路的传递函数。

首先给出交流通路,给出交流通路的方法主要是去掉电容换成短路线,然后电源等效接地。确切地说,容量大的电容(如耦合电容和射极旁路电容)应视为短路。直流电源应该视为短路,默认与地一样,交流通路如图 5-9 所示。

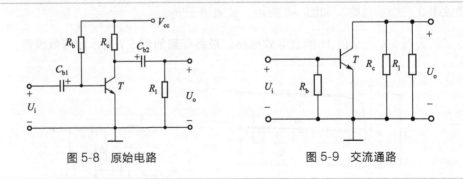

图 5-8　原始电路　　　　　　　　　　图 5-9　交流通路

然后根据交流通路,给出如图 5-10 所示的微变。

电压放大倍数的计算方法如下:

$$\dot{U}_i = I_b r_{be} \tag{5-9}$$

$$\dot{U}_o = -\beta I_b R_1' \qquad (5\text{-}10)$$

求解上面的两式，可得放大倍数为：

$$A_u = -\beta \frac{R_1'}{r_{be}} \qquad (5\text{-}11)$$

由此可见，放大倍数与负载成正比关系，负载越大，放大倍数越大，其中 R_1' 为并联负载：

$$R_1' = R_c /\!/ R_1 \qquad (5\text{-}12)$$

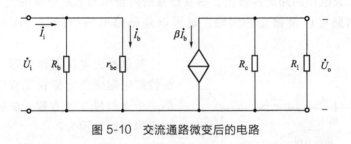

图 5-10　交流通路微变后的电路

输入电阻的计算，根据输入电阻的定义式：

$$R_i = \frac{\dot{U}_i}{I_i} = R_b /\!/ r_{be} \qquad (5\text{-}13)$$

输入电阻越大，信号源控制电流 I_b 就越大，实际应用中，总是希望输入电阻为一个较大的值。

输出电阻的计算常采用加压求流法（图 5-11）。该方法的基本思路是断开电流源，短路电压源。电压源分为受控源和独立电源。独立电源是相对受控源而言的，非受控源即为独立电源。所谓置零就是让电源的输出量等于零。电流源的输出量是电流，置零就是切断电流，所以应该断路。电压源输出的是电压，把它的两端连在一起，即短路，两端电压即为零。

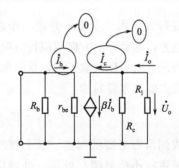

图 5-11　加压求流法计算输出电阻图示

根据输出电阻的定义：

$$R_o = \left. \frac{\dot{U}_o}{I_o} \right|_{R_1 = \infty} \qquad (5\text{-}14)$$

由于负载是无穷大的，电路可以等效地认为是开路。此时观察电路，则只有电阻 R_c。

$$R_o = R_c \qquad (5\text{-}15)$$

通过上面对小信号放大电路的讲解，可以清晰地了解分析的方法以及各电学参数之间的关系。

5.1.2　基尔霍夫电压回路定律

基尔霍夫电压回路定律指出：沿着任意的闭合回路求其电压的代数和恒等于零。闭合回路可以是独立的回路，也可以是电路网络中的部分闭合回路。如图 5-12 所示。

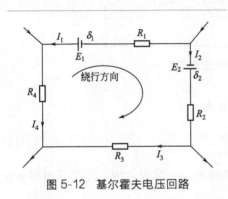

图 5-12　基尔霍夫电压回路

基尔霍夫电压定律实际是电磁学中法拉第电磁感应定律在低频电路分析中的一个近似成立的方程。法拉第电磁感应定律可以表示为：

$$\int E\,\dot{\mathrm{d}}l = \frac{\mathrm{d}\psi}{\mathrm{d}t} \qquad (5\text{-}16)$$

当回路外部无变化的电磁场时，右端为零，所以就得到：

$$\int E\,\dot{\mathrm{d}}l = 0 \qquad (5\text{-}17)$$

应用该方程时，应先在回路中选定一个绕行方向作为参考，并进一步选定一个初始点。则电动势与电流的正负号就可规定为：电动势的方向与绕行方向一致时取正号，反之取负号；同样，电流的方向与绕行方向一致时取正号，反之取负号。例如，用此规定可将回路（图 5-12）的基尔霍夫电压方程写成：

$$E_1 - I_1R_1 - E_2 + I_2R_2 + I_3R_3 - I_4R_4 = 0 \qquad (5\text{-}18)$$

找到所有必要的回路，就能够求解所有的电压和电流。但是在分析电路时，首先要进行小信号模型处理，处理后最好根据电路的基本特征区分出电流和电压的方向，这对于求解方程是非常必要的[6]。

5.1.3　射频振荡电路基本理论

振荡器是一种能量转换器，振荡器无须外部激励就能自动地将直流电源供给的功率转换为指定频率和振幅的交流信号功率输出。振荡器主要由放大器和选频网络组成，正弦波振荡器一般是由晶体管等有源器件和具有某种选频能力的无源网络组成的一个反馈系统。振荡器的种类很多，从电路中有源器件的特性和形成振荡的原理来看，可分为反馈式振荡器和负阻式振荡器；根据产生波形可分为正弦波振荡器和非正弦波振荡器；根据选频网络又可分为 LC 振荡器、晶体振荡器、RC 振荡器等。振荡器都需要满足起振条件、平衡条件以及稳定条件。

反馈式振荡器原理如图 5-13 所示。

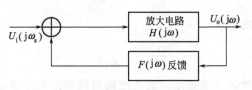

图 5-13　反馈式振荡器原理

（1）起振过程与起振条件

闭合环路中的环路增益：

$$T(j\omega) = u_f(j\omega)/u_i(j\omega) = A(j\omega)F(j\omega) \tag{5-19}$$

式中，$u_f(j\omega)$、$u_i(j\omega)$、$A(j\omega)$、$F(j\omega)$ 分别是反馈电压、输入电压、主网络增益函数、反馈系数函数，均为复函数。振荡器在接通电源后振荡振幅能从小到大不断增长的条件是

$$u_f(j\omega_0) = T(j\omega_0)u_i(j\omega_0) > u_i(j\omega_0) \tag{5-20}$$

即

$$T(j\omega_0) > 1 \tag{5-21}$$

由于 $T(j\omega_0)$ 为复数，所以上式可以分别写成

$$|T(j\omega_0)| > 1, \varphi_{T(\omega_0)} = 2n\pi (n = 0, 1, 2\cdots) \tag{5-22}$$

式（5-22）中的两式分别称为反馈振荡器的振幅起振条件和相位起振条件。即说明起振的过程中，直流电源补充给电路的能量应该大于整个环路消耗的能量。

（2）平衡过程与平衡条件

反馈振荡器的平衡条件为：

$$T(j\omega_0) = 1 \tag{5-23}$$

又可以分别写成

$$|T(j\omega_0)| = 1, \varphi_T(\omega_0) = 2n\pi (n = 0, 1, 2\cdots) \tag{5-24}$$

作为反馈振荡器，既要满足起振条件，又要满足平衡条件。起振时 $|T(j\omega_0)| > 1$，起振过程是一个增幅的振荡过程，直到 $|T(j\omega_0)| = 1$ 时，u_i 的振

幅停止增大，振荡器进入平衡状态。

(3) 平衡状态的稳定性和稳定条件

振荡器在工作过程中，不可避免地要受到各种外界因素变化的影响，如电源电压波动、温度变化、噪声干扰等。这些不稳定因素会引起放大器和回路参数变化，破坏原来的平衡条件。振幅平衡状态的稳定条件

$$\frac{\partial T(\omega_0)}{\partial U_i}\Big|_{U_i=U_{iA}}<0 \tag{5-25}$$

相位平衡状态的稳定条件

$$\frac{\partial \varphi_T(\omega_0)}{\partial \omega}\Big|_{\omega=\omega_0}<0 \tag{5-26}$$

频率稳定度又称频率准确度，通常用相对频率准确度表示

$$\delta=\frac{|f-f_s|_{\max}}{f_s}\Big|_{\text{时间间隔}} \tag{5-27}$$

目前多用均方误差来表示频率稳定度，即

$$\delta=\sqrt{\frac{1}{n}\sum_{i=1}^{n}\left[\left(\frac{\Delta f}{f_s}\right)_i-\overline{\frac{\Delta f}{f_s}}\right]^2} \tag{5-28}$$

射频振荡电路的本质是一个工作在特定频率上的正反馈环路。同时也可以把振荡电路看作双端口网络。其数学模型可以由闭环传递函数导出，该闭环传递函数由放大单元和反馈单元构成。

振荡器的基本模型如图 5-14 所示，图(a) 表示闭环电路模型，图(b) 表示网络模型。

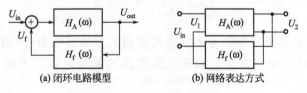

(a) 闭环电路模型　　　　(b) 网络表达方式

图 5-14　基本振荡器结构

放大单元的传递函数表示为 $H_{OA}(\omega)$，反馈单元的传递函数表示为 $H_{FB}(\omega)$，则

$$\frac{U_{out}}{U_{in}}=H_{OS}(\omega)=\frac{H_{OA}(\omega)}{1-H_{FB}(\omega)H_{OA}(\omega)} \tag{5-29}$$

振荡器本身并没有输入信号，它是在外部电源供电的情况下自起振的，也就是 $U_{in}=0$，因此要求公式中的分母必须也为 0。由此得到环路的增益关系为：

$$H_{\mathrm{FB}}(\omega)H_{\mathrm{OA}}(\omega)=1 \tag{5-30}$$

为了揭示振荡器的工作原理，分析如图 5-15 所示的压控源串联谐振电路。该电路由一个电压源、一个电阻、一个电感和一个电容组成。

使用电磁场基本理论或高频电路中的相关方法，可以写出该电路的电压方程：

$$L\frac{\mathrm{d}^2i(t)}{\mathrm{d}t^2}+R\frac{\mathrm{d}i(t)}{\mathrm{d}t}+\frac{1}{C}i(t)=-\frac{\mathrm{d}u(i)}{\mathrm{d}t} \tag{5-31}$$

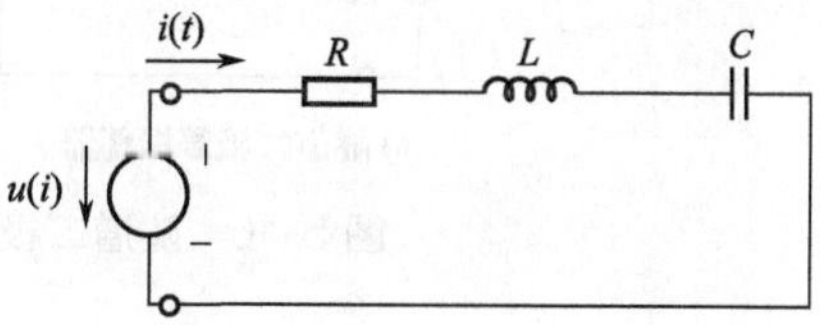

当方程的右端为零时，可得到一个稳态，此时的解是一个阻尼振荡

图 5-15　压控源的串联谐振电路

$$i(t)=\mathrm{e}^{\alpha t}(I_1\mathrm{e}^{\mathrm{j}\omega_0t}+I_2\mathrm{e}^{-\mathrm{j}\omega_0t}) \tag{5-32}$$

式中，阻尼系数为 $\alpha=-\dfrac{R}{2L}$；谐振频率为 $\omega_0=\sqrt{1/LC-[R/(2L)]^2}$。

振荡器中的有源器件的作用就是为电路提供补偿。这种情况下，相当于源是一个负电阻。如果能够找到电压电流响应为 $u(i)=u_0+R_1i+R_2i^2+\cdots$ 的非线性器件作为压控源，那么就有可能恰好抵消掉电阻 R 消耗的能量。把前两项代入到 $\dfrac{\mathrm{d}u(i)}{\mathrm{d}t}$ 中，并再次代入到式(5-31) 中可得：

$$L\frac{\mathrm{d}^2i(t)}{\mathrm{d}t^2}+R\frac{\mathrm{d}i(t)}{\mathrm{d}t}+\frac{1}{C}i(t)=-R_1\frac{\mathrm{d}i(t)}{\mathrm{d}t} \tag{5-33}$$

只需要其中的参数满足式(5-34)，就能够满足衰减为 0 的要求。

$$R_1+R=0 \tag{5-34}$$

要实现 $u(i)$ 中的第二项系数为负值，则要求该有源器件存在负微分电阻，实现负阻状态的一个方案是使用隧道二极管和电压组成有源器件。图 5-16 所示为隧道二极管和小信号等效电路。

采用隧道二极管制作的振荡器其频率可以高达 $100\mathrm{GHz}$。

5.1.4　反馈振荡器设计

反馈振荡器设计的关键在于反馈传递函数的设计，反馈网络对于反馈振荡器的性能起决定性作用。首先来看 π 型［如图 5-17(a)所示］和 T 型反馈电路［如图 5-17(b)所示］。

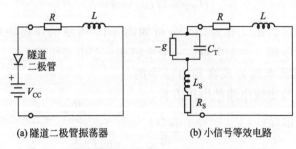

(a) 隧道二极管振荡器   (b) 小信号等效电路

图 5-16   隧道二极管振荡器电路及其小信号模型

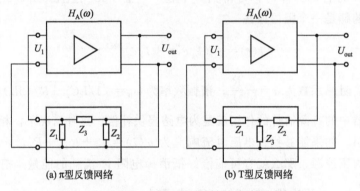

(a) π型反馈网络   (b) T型反馈网络

图 5-17   采用 π 型和 T 型反馈环路的反馈电路

对于反馈振荡器，其输入和输出均为高阻抗状态，因此可以得到其反馈传递函数。对于 π 型网络，采用 $ABCD$ 参数矩阵法可以求出：

$$H_{FB}=\frac{U_1}{U_{out}}=\frac{Z_1}{Z_1+Z_3} \tag{5-35}$$

而放大器的传递函数 $H_A(\omega)$ 的计算比反馈传递函数要复杂一些，主要原因在于有源器件模型比无源器件要复杂得多。首先来分析一个电压增益为 μ_U，输出阻抗为 R_B 的 FET 型放大电路，其简化模型如图 5-18 所示。

相应的环路方程可表示为

$$\mu_U U_1+I_B R_B+I_B Z_C=0 \tag{5-36}$$

其中的阻抗

$$Z_C=\frac{1}{Y_C}=\frac{1}{Z_2}+\frac{1}{Z_1+Z_3} \tag{5-37}$$

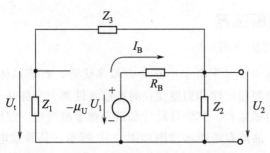

图 5-18 采用 FET 电路模型的反馈型振荡器

这里首先求解其中的 I_B 与 Z_C 的乘积可得

$$I_B = \frac{\mu_U U_1}{R_B + Z_C} \tag{5-38}$$

其增益函数可以写成:

$$H_A(\omega) = \frac{U_{out}}{V_1} = \frac{I_B Z_C}{V_1} = \frac{-\mu_U}{R_B/Z + 1} \tag{5-39}$$

根据增益函数和反馈增益函数可以写出最终的传递函数

$$H(\omega) = H_F(\omega) H_A(\omega) = \frac{-\mu_U Z_1 Z_2}{Z_2 Z_1 + Z_2 Z_3 + R_B(Z_1 + Z_2 + Z_3)} \equiv 1 \tag{5-40}$$

式(5-40) 对于所有的反馈环路都是适用的, 因为只要调制反馈环路的三个电阻就可以设计出各种类型的振荡器。但以上电路中的反馈环路都是采用电阻这种耗能器件, 而且又处于反馈电路中, 因此电路中的欧姆损耗很大, 为了减小欧姆损耗, 可以采用纯电抗元件 $Z_i = jX_i (i = 1, 2, 3)$ 来替代三个电阻, 此时只要保障分子为实数, 分母中的前两项为实数。再要求 $X_1 + X_2 + X_3 = 0$, 就能够满足式(5-40) 中的要求。正值的电抗对应电感器件, 负值对应电容器件。

了解此类反馈振荡电路的工作原理是必要的, 但实际上反馈振荡电路设计是一件十分困难的事情, 主要原因在于, 有源器件的非线性等效电路随着频率的增加其工作电流和电压变得异常不稳定, 分析变得十分复杂。此外, 振荡电路必须要输出一定功率的振荡信号, 以驱动后面的电路进行工作, 而随着输出功率的提高, 负载效应反过来对振荡电路有着很大影响, 使振荡电路的频率稳定度和频谱宽度都受到影响。随着仿真软件的完善, 仿真软件参与到电路设计中, 设计的复杂程度才得到了良好的改善。

5.1.5 高频振荡器

(1) 石英晶体振荡器

石英晶体振荡器相对于电子电路具有很多优势，石英晶体有高达 $10^5 \sim 10^6$ 的品质因子，其频率稳定性和温度变换时的稳定性都十分良好。但是由于石英晶体振荡器本身是机械结构，其设计尺寸和谐振频率都受到一定的限制，谐振频率不超过 250MHz。晶体振荡器示意图如图 5-19 所示，其等效电路模型如图 5-20 所示。

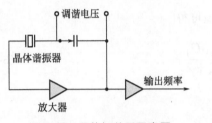

图 5-19 晶体振荡器示意图

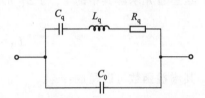

图 5-20 石英晶体谐振器的等效电路模型

(2) 耿氏二极管振荡器

耿氏二极管具有基于能带工程的独特负阻效应，当某些半导体材料的外加电场逐步增强后，其内部的电子会从能带结构的主能谷转移到边能谷中。当 90%～95% 的电子转移到边能谷中时就会引起有效载流子迁移率大幅下降。可以应用在高达 100GHz 的工作频率，工作频段为 1～100GHz。在微波电路设计中广泛使用，主要应用在输出功率 1W 以下的小功率输出的场合[7]。耿氏器件及电流-电压响应如图 5-21 所示。

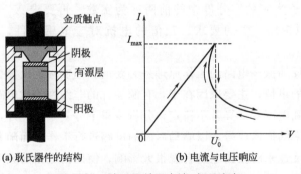

(a) 耿氏器件的结构 (b) 电流与电压响应

图 5-21 耿氏器件及电流-电压响应

5.2 混频器

5.2.1 混频器的原理

混频器是一种能够实现不同频率信号乘法运算的器件。混频器在射频发射机中实现上变频，将已调制的中频信号搬移到信道射频频段中，而在接收机中实现下变频，将接收到的射频信号搬移到中频波段。实现上变频的基本方法是乘法器与滤波器组合，下变频依靠非线性器件和滤波器组合方法实现。

在射频接收模块中，低噪声放大器将天线输入的微弱信号进行选频放大，然后送入混频器。混频器的作用在于将不同载频的高频已调波信号变换为较低的同一个固定载频（一般为中频）的高频已调波信号，但保持其调制规律不变。

图 5-22 是混频器的原理示意图。混频电路的输入是载频为 f_c 的高频已调波信号 $u_s(t)$。通常取 $f_i = f_1 - f_c$，f_i 为中频。可见，中频信号是本振信号和高频已调波信号的差频信号。以输入是普通调幅信号为例，若 $u_s(t) = u_{cm}[1 + ku\omega(t)]\cos(2\pi f_c t)$，本振信号为 $u_1(t) = u_{1m}\cos(2\pi f_1 t)$，则输出中频调幅信号为 $u_i(t) = u_{im}[1 + ku\omega(t)]\cos(2\pi f_i t)$。可见调幅信号频谱从中心频率为 f_c 处到中心频率为 f_i 处，频谱宽度不变，包络形状不变。

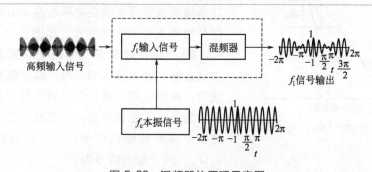

图 5-22 混频器的原理示意图

5.2.2 混频器的性能指标

混频器的主要性能指标有混频增益、噪声系数、隔离度和两项线性指标。

（1）混频增益

混频增益定义为混频器输出中频信号与输入信号大小之比，有电压增益和功率增益两种，通常用分贝来表示。

（2）噪声系数

混频器的噪声系数定义为混频器输入信噪功率之比和输出中频信号噪声功率比的比值，也是用分贝来表示。

由于混频器处于接收机前端，因此要求它的噪声系数很小。

（3）隔离度

隔离度表示三个端口（输入、本振和中频）相互之间的隔离程度，即本端口的信号功率与其泄漏到另一个端口的功率之比。

例如，本振口至输入口的隔离度定义为

$$10\lg \frac{\text{本振口的本振信号功率}}{\text{泄漏到输入口的本振信号功率}} (\text{dB}) \tag{5-41}$$

显然，隔离度应越大越好。由于本振功率较大，因此本振信号的泄漏更为重要。

（4）线性度

① 1dB 压缩点　正常情况下，射频输入电平远低于本振激励电平，此时中频输出随射频输入线性地增加；当射频输入电平增加到某个电平时，混频器开始饱和，输入输出之间的线性关系开始破坏。定义混频实际功率增益低于理想线性功率增益 1dB 时对应的信号功率点为 1dB 压缩点，如图 5-23 所示。

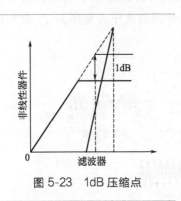

图 5-23　1dB 压缩点

② 三阶互调节点　当两个或更多的信号出现在混频器的输入端口时，由于混频器的非线性，在输出端口将产生互调失真分量。其中重要的是三阶互调失真，中频滤波器不能滤除这些不需要的输出信号。令三阶非线性项为 $a_3 U_{\text{in}}^3$，两个输入信号为：

$$U_{\text{in}} = U_1 \cos(\omega_1 t) + U_2 \cos(\omega_2 t) \tag{5-42}$$

则输出信号：

$$U_{\text{out3}} = a_3 [U_1^3 \cos^3(\omega_1 t) + U_2^3 \cos^3(\omega_2 t) +$$

$$3U_1^2 U_2 \cos^2(\omega_1 t)\cos(\omega_2 t) + 3U_1 U_2^2 \cos(\omega_1 t)\cos^2(\omega_2 t)]$$

$$= a_3 \{U_1^3 \cos^3(\omega_1 t) + U_2^3 \cos^3(\omega_2 t) +$$

$$\frac{3}{2}U_1^2 U_2 \left\{\omega_2 + \frac{1}{2}\left[\cos(2\omega_1-\omega_2)+\cos(2\omega_1+\omega_2)\right]\right\}+$$

$$\left.\left.\frac{3}{2}U_1 U_2^2 \left\{\omega_1 + \frac{1}{2}\left[\cos(2\omega_2-\omega_1)+\cos(2\omega_2+\omega_1)\right]\right\}\right\}\right. \tag{5-43}$$

当两个频率十分接近的信号输入到混频器时，从式（5-43）可以看出三阶非线性项产生了许多分量，一些是谐波分量，另外一些是互调失真分量，在这些组合频率分量中，落在带内的频率分量除了基波外，还可能有组合频率 $2\omega_1-\omega_2$ 和 $2\omega_2-\omega_1$，其他的频率分量则会落到带外，可用中频滤波器滤除。

GPS 信号使用 L 波段，配有两种载波，即频率为 1575.42MHz 的 L1 载波和频率为 1227.6MHz 的 L2 载波。民用 GPS 接收机只接收 L1 载波，也就是射频信道的中心频率为 1575.42MHz。为便于处理，接收机射频前端电路需要把该射频信号进行下变频到一个合适的中频。采用多次混频方案，有利于提高镜像抑制及中频抑制性能，但是电路复杂。为了得到比较纯净的中频信号，同时又要兼顾电路不太复杂且体积不要太大，应该合理选择混频级数。根据射频前端电路的要求和后继相关器件电路的特点，采用三级混频结构，如图 5-24 所示。第一级混频器把前级低噪声放大器输出的 1575.42MHz 的射频信号与锁相频率合成器送出的 175MHz 的本地振荡信号混频，经外接 175MHz 的滤波器滤波后得到 175MHz 的混频信号；第二级混频器的 140MHz 的本地振荡信号与第一级输出的 175MHz 的混频信号进行二级混频得到 35.42MHz 的混频信号；第三级混频器再把锁相频率合成器送出的本地 31.1MHz 的振荡信号与第二级混频器输出的 35.42MHz 的信号混频，经滤波后最终得到系统需要的 4.309MHz 的中频信号[8]。

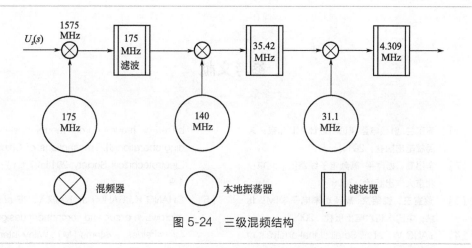

图 5-24　三级混频结构

5.2.3　混频器的分类

混频器按照不同的标准可以进行不同的分类，根据功能、结构和功耗等不同标准进行的分类如下。

（1）上变频混频器和下变频混频器

上变频混频器和下变频混频器的主要区别在于输出信号的频率不同。上变频混频器用于发射机中，将频率较低的基带信号或中频信号转换为频率较高的射频信号。下变频混频器用于接收机中，将频率较高的射频信号转换为频率较低的中频信号或基带信号。

（2）有源混频器和无源混频器

有源混频器和无源混频器的主要区别在于是否提供转换增益。有源混频器首先通过输入跨导级将射频输入电压信号转换为电流信号，然后通过控制开关的导通或关断来控制负载上的电流流向，相当于输出电流乘以一个方波，从而实现混频。跨导级将电压转换为电流时，提供了增益。无源混频器结构非常简单，没有直流功耗。乘法通过开关直接控制加在负载上的电压来实现，无源混频器在开关导通时，输入电压在负载和 MOS 管的导通电阻之间分压，因此无源混频器没有增益，而是衰减。为了减小衰减，要求开关 MOS 管具有较小的导通电阻。当 MOS 管关断时，要求 MOS 管有较大的阻抗，从而提高隔离度。

另外混频器还有非平衡混频器和平衡混频器的具体分类方式。在这里就不一一介绍。

参考文献

［1］　黄玉兰. 射频电路理论与设计[M]. 北京：人民邮电出版社，2014.

［2］　李福勤，杨建平. 高频电子线路[M]. 北京：北京大学出版社，2008.

［3］　蔡宣三，龚绍文. 高频功率电子学[M]. 北京：中国水利水电出版社，2009.

［4］　YANG W, et al. Small signal analysis of microgrid with multiple micro sources based on reduced order model in islanding operation[J]. Transactions of China Electrotechnical Society. 2011. 27（1）：1-9.

［5］　CHANG K, BAHL I J, NAIR V. RF and microwave circuit and component design for wireless systems [M]. Wiley-Interscience, 2002.

[6]　吕文珍，冯华. 电路分析及应用[M]. 天津：
　　　 天津大学出版社，2009.

[7]　GUO F, et al. Development of an 85-kW
　　　 Bidirectional Quasi-Z-Source Inverter
　　　 With DC-Link Feed-Forward Compensa-
　　　 tion for Electric Vehicle Applications[J].

IEEE Transactions on Power Electron-
ics, 2013. 28（12）: 5477-5488.

[8]　TEODORESCU H N L, COJOCARU V P.
　　　 Complex signal generators based on ca-
　　　 pacitors and on piezoelectric loads
　　　 [J]. Chaos Theory, 2011: 423-430.

第6章

射频识别系统的天线设计与调制

射频前端电路设计对天线的性能有着至关重要的影响，当设备做发射机时，射频前端电路主要完成信号的调制并驱动天线，使天线具有合适功率的电流信号，电流信号通过天线转换为空间中的电磁场；当作为接收机时，射频前端主要完成新信号的接收、放大、滤波和整形。

RFID 系统的射频前端可分别应用到读写器和电子标签上，从宏观来看两者具有相似的结构，但内部电路是不一样的。电子标签的设计目的之一就是降低造价，而且电子标签的电路发射信号相比于读写器要弱得多，因此电路相对简单[1]。

RFID 的天线主要分为电感型天线和振子式天线，电感型天线依靠线圈之间的磁场进行通信；振子式天线主要依靠后向反射通信。电感型天线的本质相当于一个电感，射频前端在总体上要平衡掉感性，因此驱动电路应该呈现容性。

6.1 天线理论基础与天线设计

天线是一种用来发射或接收电磁波的器件，是无线电系统的基本组成部分。换句话说，发射天线将传输线中的导行电磁波转换为"自由空间"波，接收天线则与此相反。于是信息可以在不同地点之间不通过任何连接设备传输，用来传输信息的电磁波频率构成了电磁波谱。人类最大的自然资源之一就是电磁波谱，而天线在利用这种资源的过程中发挥了重要的作用[2]。图 6-1 给出了几种天线类型。

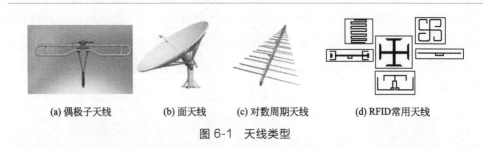

(a) 偶极子天线　　　(b) 面天线　　　(c) 对数周期天线　　　(d) RFID常用天线

图 6-1　天线类型

6.1.1 传输线基础知识

在通信系统中，传输线（馈线）是连接发射机与发射天线或接收机与接收天线的器件。为了更好地理解天线的性能及参数，首先简单介绍有关传输线的基础知识。

传输线根据频率的使用范围可分为低频传输线和微波传输线两种。这里重点介绍微波传输线中无耗传输线的基础知识，主要包括反映传输线任一点特性的参量：反射系数 Γ、阻抗 Z 和驻波比 ρ。

（1）反射系数 Γ

定义传输线上任一处 z' 的电压反射系数为

$$\Gamma(z') = \frac{U^-(z')}{U^+(z')} = \frac{U^-(z'=0)\mathrm{e}^{-\mathrm{j}\beta z'}}{U^+(z'=0)\mathrm{e}^{\mathrm{j}\beta z'}} = \Gamma_1 \mathrm{e}^{-\mathrm{j}2\beta z'} \tag{6-1}$$

由式(6-1)可以看出，反射系数的模是无耗传输线系统的不变量，即

$$|\Gamma(z')| = |\Gamma_1| \tag{6-2}$$

此外，反射系数呈周期性，即

$$\Gamma(z' + m\lambda_\mathrm{g}/2) = \Gamma(z') \tag{6-3}$$

（2）阻抗 Z

定义传输线上任一处 z' 的阻抗为

$$Z(z') = \frac{U(z')}{I(z')} \tag{6-4}$$

经过一系列推导，可得出阻抗的最终表达式

$$Z(z') = Z_0 \frac{Z_1 + \mathrm{j}Z_0 \tan\beta z'}{Z_0 + \mathrm{j}Z_1 \tan\beta z'} \tag{6-5}$$

（3）驻波比 ρ

定义传输线上任一处 z' 的驻波比为

$$\rho = \frac{|U(z')|_{\max}}{|U(z')|_{\min}} \tag{6-6}$$

经过一系列推导，可得出阻抗的最终表达式

$$\rho = \frac{1 + |\Gamma_1|}{1 - |\Gamma_1|} \tag{6-7}$$

此外，还给出反射系数与阻抗的关系表达式

$$Z(z') = Z_0 \frac{1 + \Gamma(z')}{1 - \Gamma(z')}$$

$$\Gamma(z') = \frac{Z(z') - Z_0}{Z(z') + Z_0} \tag{6-8}$$

这里简单介绍一下传输线理论要用到的一些基本参数，如特性阻抗 Z_0 以及相位常数 β，具体表达如式(6-9) 所示。

$$Z_0 = \sqrt{\frac{L}{C}}, \beta = \omega \sqrt{LC} = \frac{2\pi}{\lambda} \tag{6-9}$$

此外，不同的系统有不同的特性阻抗 Z_0，为了统一并便于研究，提出归一化的概念，即阻抗 $\dfrac{Z(z')}{Z_0}$ 称为归一化阻抗

$$\overline{Z}(z') = \frac{Z(z')}{Z_0} \tag{6-10}$$

将注入高频电流的平行的传输线供电一端固定，张开 180° 后就形成最原始的天线类型。传输线理论中的反射系数、阻抗匹配以及驻波比等为高频电路提供了重要的参数。由此可以认识到高频电磁场在阻抗变化的情况下，波的反射叠加等机制。

6.1.2　基本振子的辐射

（1）电基本振子的辐射

电基本振子（Electric short Dipole）又称电流元、无穷小振子或赫兹电偶极子，它是指一段理想的高频电流直导线，其长度 l 远小于波长 λ，其半径 a 远小于 l，同时振子沿线的电流 I 处处等幅同相。通常情况下，导线的末端电流为零，因此电基本振子难以孤立存在，但根据微积分的思想，实际天线常可以看作是无数个电基本振子的叠加，天线的辐射场等于所有这些电基本振子辐射的总和。因而电基本振子的辐射特性是研究更复杂天线辐射特性的基础。

如图 6-2 所示，考虑一个位于坐标原点、沿 z 轴方向、长为 Δz 的电流元，其上载有幅度和相位均匀分布的电流 I，根据电磁场理论，该电流元产生的矢量磁位（只有 z 分量）为：

$$A_z = \mu_0 I \int_{-\Delta z/2}^{\Delta z/2} \frac{\mathrm{e}^{-jkR}}{4\pi R} \mathrm{d}z' \tag{6-11}$$

从图 6-2 中可以看到，长度 Δz 与波长 λ、距离 R 相比都比较小，所以电流元上任一点到场点 P 的距离 R（是 z' 的函数）非常接近于坐标原点到场点的距离 r。将式(6-11) 中的 R 替换为 r 后，被积函数已不含 z'，所以积分退化为乘法，于是

$$A_z = \frac{\mu_0 I \Delta z}{4\pi} \times \frac{\mathrm{e}^{-j\beta r}}{r} \tag{6-12}$$

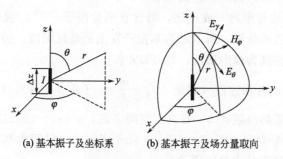

(a) 基本振子及坐标系　　(b) 基本振子及场分量取向

图 6-2　基本振子参数

得到矢量磁位 A 后，则磁场强度为

$$H = \frac{1}{\mu_0} \nabla \times A \tag{6-13}$$

经过公式替换及推导可得磁场强度（仅有 φ 分量）

$$H_\varphi = \frac{jI\Delta z}{2\lambda} \left[1 + \frac{1}{j\beta r}\right] \frac{e^{-j\beta r}}{r} \sin\theta \tag{6-14}$$

又根据方程 $E = \frac{1}{j\omega\varepsilon_0} \nabla \times H$，可以得到电场强度（仅有 r 和 θ 分量）

$$E_r = \frac{j\eta_0 I\Delta z}{2\lambda} \left[\frac{2}{j\beta r} + \frac{2}{(j\beta r)^2}\right] \frac{e^{-j\beta r}}{r} \cos\theta \tag{6-15}$$

$$E_\theta = \frac{j\eta_0 I\Delta z}{2\lambda} \left[1 + \frac{1}{j\beta r} + \frac{1}{(j\beta r)^2}\right] \frac{e^{-j\beta r}}{r} \sin\theta \tag{6-16}$$

1）近区场　如果场点非常靠近电基本振子，即 βr 远小于 1 或 r 远小于 λ，则对应的解为

$$H = \hat{\varphi} \frac{I\Delta z \, e^{-j\beta r}}{4\pi r^2} \sin\theta \tag{6-17}$$

$$E = -j \frac{\eta_0 I\Delta z}{4\pi\beta} \frac{e^{-j\beta r}}{r^3} (\hat{r} 2\cos\theta + \hat{\theta}\sin\theta) \tag{6-18}$$

2）远区场　如果场点远离电基本振子：βr 远大于 1 或 r 远大于 λ，则对应的解为

$$E_\theta = \frac{j\eta_0 I\Delta z}{2\lambda} \frac{e^{-j\beta r}}{r} \sin\theta \tag{6-19}$$

$$H_\varphi = \frac{jI\Delta z}{2\lambda} \frac{e^{-j\beta r}}{r} \sin\theta \tag{6-20}$$

由电基本振子远区场的表达式可看出：

① E_θ、H_φ 均与距离 r 成反比，都含有相位因子 $e^{-j\beta r}$，说明辐射场的等相位面是 r 等于常数的球面，所以电基本振子发出的是球面波，传播方向上电磁场的分量为零，故称其为横电磁波，即 TEM 波。

② 该球面波的传播速度（相速）$v_p = \dfrac{\omega}{\beta} = c$（真空光速），$E_\theta$ 与 H_φ 的比值为常数，称为媒质的波阻抗 η。对自由空间来说，$\eta = \eta_0 = 120\pi\Omega$。

③ 远区场是辐射场，但 E_θ、H_φ 与 $\sin\theta$ 成正比，说明电基本振子的辐射具有方向性，辐射场不是均匀球面波。

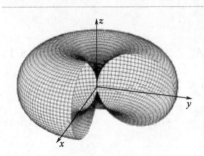

图 6-3　电基本振子方向图

（2）磁基本振子的辐射

磁基本振子（Magnetic short Dipole）又称磁流元、磁偶极子。尽管它是虚拟的，迄今为止还不能肯定在自然界中有孤立的磁荷和磁流存在，但是它可以与一些实际波源相对应，如小环天线或已经建立起来的电场波源，因此讨论它是有必要的。对于磁基本振子场的求解，采用对偶原理法。

设磁流元 I_m 长为 Δz，Δz 置于球坐标系原点，根据电磁对偶性原理，需要进行如下变换：

$$\left. \begin{array}{l} E_e \Leftrightarrow H_m \\ H_e \Leftrightarrow -E_m \\ I_e \Leftrightarrow I_m, Q_e \Leftrightarrow Q_m \\ \varepsilon_0 \Leftrightarrow \mu_0 \end{array} \right\} \tag{6-21}$$

则磁基本振子远区辐射场的表达式为

$$E_\varphi = -\frac{jI_m\Delta z}{2\lambda} \times \frac{e^{-j\beta r}}{r}\sin\theta \tag{6-22}$$

$$H_\theta = \frac{jI_m\Delta z}{2\lambda\eta_0} \times \frac{e^{-j\beta r}}{r}\sin\theta \tag{6-23}$$

6.1.3　天线的电参数

描述天线工作特性的参数称为天线电参数，又称电指标。它们是衡量天线性能的尺度。了解天线电参数，以便正确设计或选择天线。

（1）方向函数

由电基本振子的分析可知，天线辐射出去的电磁波虽然是一球面波，但却不是均匀球面波，因此，任何一个天线的辐射场都具有方向性。所谓方向性，就是在相同距离的条件下，天线辐射场的相对值与空间方向(θ, φ)的关系。

天线在(θ, φ)方向辐射的电场强度$E(\theta, \varphi)$的大小可以写成

$$|E(\theta, \varphi)| = A_0 f(\theta, \varphi) \tag{6-24}$$

式中，A_0为与方向无关的常数；$f(\theta, \varphi)$为场强方向函数。

则可以得到

$$f(\theta, \varphi) = \frac{|E(\theta, \varphi)|}{A_0} \tag{6-25}$$

为了便于比较不同天线的方向性，常采用归一化方向函数，用$F(\theta, \varphi)$表示，即

$$F(\theta, \varphi) = \frac{f(\theta, \varphi)}{f_{\max}(\theta, \varphi)} = \frac{|E(\theta, \varphi)|}{|E_{\max}|} \tag{6-26}$$

下面以电基本振子为例具体介绍方向函数的概念。

若天线辐射的电场强度为$E(r, \theta, \varphi)$，则电场强度的模值$|E(r, \theta, \varphi)|$可写成：

$$|E(r, \theta, \varphi)| = \frac{60I}{r} f(\theta, \varphi) \tag{6-27}$$

因此，场强方向函数$f(\theta, \varphi)$可定义为

$$f(\theta, \varphi) = \frac{|E(r, \theta, \varphi)|}{\dfrac{60I}{r}} \tag{6-28}$$

将电基本振子的辐射场表达式$E_\theta = \dfrac{\mathrm{j}\eta_0 I \Delta z}{2\lambda} \times \dfrac{\mathrm{e}^{-\mathrm{j}\beta r}}{r} \sin\theta$代入式（6-28），则电基本振子的方向函数为

$$f(\theta, \varphi) = f(\theta) = \frac{\pi \Delta z}{\lambda} |\sin\theta| \tag{6-29}$$

因此电基本振子的归一化方向函数可写为

$$F(\theta, \varphi) = |\sin\theta| \tag{6-30}$$

为了分析和对比方便，我们定义理想点源是无方向性天线，它在各个方向上相同距离处的辐射场的大小是相等的，因此，它的归一化方向函数为

$$F(\theta, \varphi) = 1 \tag{6-31}$$

（2）方向图

在距天线等距离（$r =$ 常数）的球面上，天线在各点产生的功率通量密度或

场强（电场或磁场）随空间方向(θ,φ)的变化曲线，称为功率方向图或场强方向图，它们的数学表示式称为功率方向函数或场强方向函数。天线方向结构示意图与三维图见图6-4。

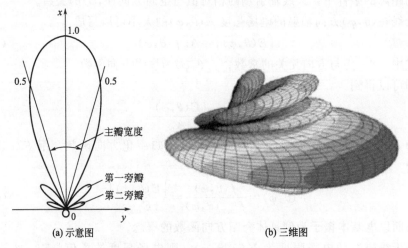

(a) 示意图   (b) 三维图

图 6-4　天线方向结构示意图与三维图

研究超高频天线，通常采用的两个主平面是 E 面和 H 面。E 面是最大辐射方向和电场矢量所在的平面，H 面是最大辐射方向和磁场矢量所在的平面。

此外，方向图形状还可用方向图参数简单地定量表示。例如，零功率波瓣宽度、半功率波瓣宽度、副瓣电平以及前后辐射比等。

（3）方向系数

为了更明确地从数量上描述天线的方向性，说明天线方向性的定义式：在同一距离及相同辐射功率的条件下，某天线在最大辐射方向上辐射的功率密度 $P_{\max}$ 和无方向性天线（点源）的辐射功率密度 P_0 之比称为此天线的方向系数，用符号 D 表示。

$$D=\frac{P_{\max}}{P_0}\bigg|_{P_\Sigma\text{相同}}=\frac{|E_{\max}|^2}{|E_0|^2}\bigg|_{P_\Sigma\text{相同}} \tag{6-32}$$

由于

$$P_0=\frac{P_\Sigma}{4\pi r^2}=\frac{|E_0|^2}{240\pi} \tag{6-33}$$

故

$$|E_0|=\frac{\sqrt{60P_\Sigma}}{r} \tag{6-34}$$

将式(6-34)代入式(6-32)，得

$$D = \frac{r^2 |E_{\max}|^2}{60 P_\Sigma} \qquad (6-35)$$

（4）输入阻抗

天线输入阻抗是指天线馈电点所呈现的阻抗值。显然，它直接决定了和馈电系数之间的匹配状态，从而影响了馈入到天线上的功率以及馈电系统的效率等。

输入阻抗和输入端功率与电压、电流的关系是

$$Z_{in} = \frac{2P_{in}}{|I_{in}|^2} = \frac{U_{in}}{I_{in}} = R_{in} + jX_{in} \qquad (6-36)$$

式中，P_{in}一般为复功率；R_{in}和X_{in}分别为输入电阻和输入电抗。

为实现和馈线间的匹配，必要时可用匹配消去天线的电抗并使电阻等于馈线的特性阻抗。

（5）天线的效率

对发射天线来说，天线效率用来衡量天线将高频电流或导波能量转换为无线电波能量的有效程度，是天线的一个重要电参数。天线效率（辐射效率）η_A是天线辐射的总功率P_Σ与天线从馈线得到的净功率P_A之比，即

$$\eta_A = \frac{P_\Sigma}{P_A} \qquad (6-37)$$

（6）天线的增益

表征天线辐射能量集束程度和能量转换效率的总效益称为天线增益。天线在某方向的增益$G(\theta, \varphi)$是它在该方向的辐射强度$U(\theta, \varphi)$同天线以同一输入功率向空间均匀辐射的辐射强度$\frac{P_A}{4\pi}$之比，即

$$G(\theta, \varphi) = 4\pi \frac{U(\theta, \varphi)}{P_A} = D(\theta, \varphi)\eta_A \qquad (6-38)$$

未指明时，某天线的增益通常指最大辐射方向增益

$$G = 4\pi \frac{U_M}{P_A} = D\eta_A \qquad (6-39)$$

（7）接收天线的电参数以及弗利斯传输公式

通常用互易定理分析接收天线，继而得到相关的电参数。

① 效率　接收天线效率的定义是：天线向匹配负载输出的最大功率和假定天线无功耗时向匹配负载输出的最大功率（即最佳接收功率）的比值，即

$$\eta_A = \frac{P_{\max}}{P_{opt}} \qquad (6-40)$$

② 增益　接收天线的增益定义为：假定从各个方向传来电波的场强相同，天线在最大接收方向上接收时向匹配负载输出的功率和天线在各个方向接收且天线是理想无耗时向匹配负载输出功率的平均值的比值。不难证明

$$G = \eta_A D \tag{6-41}$$

③ 有效接收面积　接收天线在某方向的有效接收面积是天线在极化匹配和共轭匹配条件下对该方向来波的接收功率与入射平面波功率通量密度之比，即

$$A(\theta, \varphi) = \frac{P_R(\theta, \varphi)}{S} \tag{6-42}$$

经过公式变换，得到

$$A(\theta, \varphi) = \frac{\lambda^2}{4\pi} G F^2(\theta, \varphi) \tag{6-43}$$

天线无耗情况下，最大接收方向的有效接收面积记为

$$A_m = \frac{\lambda^2}{4\pi} D \tag{6-44}$$

④ 弗利斯（Friis）传输公式　设两相距很远的天线，天线 1 为发射天线，天线 2 为接收天线，则两天线的功率传递比为

$$P_r = \frac{P_t}{4\pi r^2} G_t G_r \frac{\lambda^2}{4\pi} \tag{6-45}$$

6.1.4　天线阵的方向性

为了加强天线方向性，若干辐射单元按某种方式排列形成天线系统，称之为天线阵。组成天线阵的辐射单元称为天线元或阵元，可以是任何形式的天线。

（1）二元阵与方向图乘积定理

设由空间取向一致的两个形式及尺寸相同的天线构成一个二元阵。通过推导可得到此二元阵的辐射场表达式。继而得到方向图乘积定理，即

$$|f(\theta, \varphi)| = |f(\theta, \varphi)| \times |f_a(\theta, \varphi)| \tag{6-46}$$

（2）均匀直线阵

均匀直线阵是等间距且各元电流的幅度相等（等幅分布）而相位依次等量递增的直线阵。通过推导，得到均匀直线阵的表达式为

$$|f_a(\theta, \varphi)| = \left| \frac{\sin\left(\frac{N}{2}\psi\right)}{\sin\left(\frac{\psi}{2}\right)} \right| \tag{6-47}$$

继而得到均匀直线阵的通用方向图。接着分析几种常见的均匀直线阵，如边

射直线阵、原型端射直线阵、相位扫描直线阵以及强端射直线阵等。对几种均匀直线阵进行方向性分析，如零辐射方向、主瓣宽度、副瓣最大值方向、副瓣电平以及方向系数等。

通过方向图乘积定理可以看到阵列天线能够有效地调整方向图的特性，可以通过图 6-5 感性地认识一下天线呈现阵列后方向图的改变。

以半波振子天线作为阵元的天线阵列，半波振子的方向图被称为元因子 $E_1 = \left| \dfrac{\cos(\pi\cos\varphi/2)}{\sin\varphi} \right|$，阵列对应的相称为阵因子 $E_2 = \left| \cos\pi[\sin(\varphi/4)/4] \right|$。则该天线阵列的方向图为 $F(\varphi) = \left| \dfrac{\cos(\pi\cos\varphi/2)}{\sin\varphi} \right| \times \left| \cos\pi[\sin(\varphi/4)/4] \right|$。图 6-5 表示了天线方向图乘积定理。

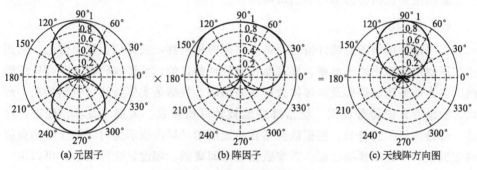

(a) 元因子　　　　　　　(b) 阵因子　　　　　　　(c) 天线阵方向图

图 6-5　天线方向图乘积定理

6.2 RFID 系统中的通信调制方式

6.2.1　电子标签通信过程中的编码与调制

从物联网的概念可以看出物联网的组成必须具备三个部分：物品编码标示系统、自动信息获取和感知系统以及网络系统。其中，物品编码是按一定的规则赋予物品易于机器和人识别、处理的代码，它是物品在信息网络中实现身份标示的关键，是将物理与信息联系在一起的特殊编码，也可称为物理编码。物品编码实现了物品的数字化，从而为物品实现自动识别奠定了基础，是沟通物理世界和信息世界的桥梁。物品编码为物品命名了全球唯一的且易于被机器识别的名称，是实现物联网的关键技术之一。自动信息获取和感知属于系统解决海量信息采集的问题，网络技术就是通过通信技术实现信息的交互[3]。

从物联网的组成可以看出，物联网与信息学关系紧密，物品编码、自动信息获取以及通信过程都与信息论的编码理论密不可分。物联网的建设必须以科学的物品编码和解析方法为基础，物品编码解决的是物联网底层数据结构的统一问题，物品编码解析解决物联网信息传输过程中的寻址问题。物品代码必须通过一定的编码机制才能对应到特定的网络地址。物联网是一个高度复杂的网络，应该以科学的方法处理该网络的基本问题，从信息论和系统论的观点对物联网的结构进行解析，立足物联网的自身特点，发展和改进现有的信息论、控制论与系统理论，然后才能有效地促进物联网标准化的建设。

6.2.1.1　编码与调制

编码主要包括信源编码和信道编码。

（1）信源编码

主要是利用信源的统计特性，解决信源的相关性，去掉信源冗余信息，从而达到压缩信源输出的信息率、提高系统有效性的目的。信源编码包括语音压缩编码、各类图像压缩编码及多媒体数据压缩编码。数据是实体特征（包括性质、形状、数量等）的符号说明，泛指那些能被计算机接收、识别、表示、处理、存储、传输和显示的符号。模拟数据指在给定的定义域内表示为时间的连续函数值的数据，如声音和视频数据。数字数据是时间离散、幅度量化的数值，可以用二进制代码 0 或 1 的比特序列表示。

（2）信道编码

为了保证通信系统的传输可靠性，克服信道中的噪声和干扰，根据一定的（监督）规律在待发送的信息码元中（人为地）加入一些必要的（监督）码元，在接收端利用这些监督码元与信息码元之间的监督规律发现和纠正差错，以提高信息码元传输的可靠性。信道编码的目的是试图以最少的监督码元换取最大程度的可靠性。

图 6-6 所示的通信模型涉及几个术语，分别解释如下。

① 信源　定义为产生消息和消息序列的源头。可以是人、机器或其他事物。信源实际上就是事物各种运动状态或存在状态的集合，信息论对状态集合往往采用概率统计的方式描述。这里的消息可以是文字、图像、语言等。对信源的研究主要集中在表征消息的统计特性以及产生消息的特征。

② 信宿　信宿是消息传送的对象，如接收消息的人、机器或其他事物。

③ 信道　信道是指通信系统把载荷消息从某地传送到其他地方的通道。信道从物理的观点上看对应着光纤、波导、电磁波等传输实体。对于广义的信道来

讲，往往认为信道是具有一定衰减、色散并附加了噪声的信号通道。信道的特性决定了信号传输的距离、接收时误码率等特性。

④ 编码与解码　编码是把消息进行变换以适应通信系统需要的一种方法。解码（译码）是编码的反变换。通常信源、信宿产生的信号并不能直接用于通信过程，而必须经过编码才能有效传输，经过解码信号再变回适合信宿读取或存储的信号形式。

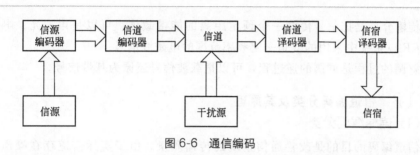

图 6-6　通信编码

编码器可以分为信源编码器和信道编码器两类。信源编码器是对信源输出的消息进行适当变换和处理，目的是提高信息传输的效率。信道编码是为提高信息传递的可靠性而进行的变换和处理。

举例来说，两个人打电话的过程，首先语音信号通过话筒转换为电流信号，电流信号是连续模拟信号，为了传输的需求，必须通过编码的方式变成数字信号进行传输，到了接收端后，再经过解码等逆过程，变成人能够听懂的信号。

对于任意的射频系统来讲，通信系统数据传输过程至少需要三部分的功能模块：信源、信道和信宿。参考以上的通信模型，RFID系统中读写器与电子标签之间也是通过天线发射的电磁波建立信道的，系统通信模型如图6-7所示。

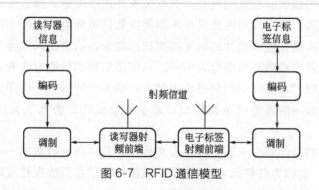

图 6-7　RFID 通信模型

在射频识别系统中，当信息从标签流向读写器时，标签是信源，读写器是信宿，而射频电磁信号构成了信道。

信号编码系统的作用是使传输信息和它的信号表示形式尽可能地与传输信道相匹配。这样的处理包括对信息提供保护，防止信息受到干扰或者碰撞以及对某些信号特性的蓄意改变。信号编码又称为系带信号编码。

调制是改变高频载波的信号处理过程，使信号的振幅、频率或相位携带系带信号。

传输介质是把信号传输一个预定距离的能量载体，可以是声、光、电磁波等。RFID系统中采用的就是一定频率范围的电磁波信号。

解调的过程是调制的逆过程，可以把载波信号还原为基带信号。

6.2.1.2 信道编码分类及其原理

(1) 信道编码分类

信道编码的目的是改善通信系统的传输质量。由于实际信道存在噪声和干扰，使发送的码字与信通传输后所接收的码字之间存在差异，即差错。一般情况下，信道噪声、干扰越大，码字产生差错的概率也就越大。

在无记忆信道中，噪声独立随机地影响着每个传输码元，因此接收的码元序列中的错误是独立随机出现的。以高斯白噪声为主体的信道属于这类信道。太空信道、卫星信道、同轴电缆、光缆信道以及大多数视距微波接力信道也都属于这一类型信道。

在有记忆信道中，噪声、干扰的影响往往是前后相关的，错误是成串出现的，通常称这类信道为突发差错信道。实际的衰落信道、码间干扰信道均属于这类信道。典型的有短波信道、移动通信信道、散射信道以及受大的脉冲干扰和串话影响的明线和电缆信道，甚至还包括在磁记录中划痕、涂层缺损造成的成串差错。

有些实际信道既有独立随机差错又有突发性成串差错，称它为混合信道。对不同类型的信道，要有针对性地设计不同类型的信道编码，这样才能收到良好效果。所以按照信道特性和设计的码字类型进行划分，信道编码可分为纠独立随机差错码、纠突发差错码和纠混合差错码。从信道编码的构造方法看，其基本思路是根据一定的规律在待发送的信息码中加入一些多余的码元，以保证传输过程的可靠性。信道编码的任务就是构造出以最小冗余度代价换取最大抗干扰性能的编码。

纠错编码的目的是引入冗余度，即在传输的信息码元后增加一些多余的码元（称为校验元，也称为监督元），以使受损或出错的信息仍能在接收端恢复。从不同的角度出发，纠错编码有不同的分类方法。

按码组的功能分，有检错码和纠错码之分。

按监督码元与信息码元之间的关系可分为线性码和非线性码。线性码是指监督码元与信息码元之间是线性关系，即它们的关系可用一组线性代数方程联系起来；非线性码是指二者具有非线性关系。

按照对信息码元处理方法的不同可分为分组码和卷积码。分组码是将 k 个信息码元划分为一组，然后由这 k 个码元按照一定的规则产生 r 个监督码元，从而组成一定长度的码组。在分组码中，监督码元仅监督本码组中的信息码元。分组码一般用符号表示，并且将分组码的结构规定为前面 k 位为信息位，后面附加 r 个监督位。分组码又可分为循环码和非循环码两种类型。循环码的特点是：若将其全部码字分成若干组，则每组中任一码字的码元循环移位后仍是这组的码字。非循环码是任意一个码字中码元循环移位后不一定是该码组中的码字。在卷积码中，每组的监督码元不但与本码组的信息码元有关，而且还与前面若干组信息码元有关，即不是分组监督，而是每个监督码元对它的前后码元都实行监督，前后相连，因此有时也称为连环码。

按照信息码元在编码后是否保持原来的形式不变，可划分为系统码和非系统码。在差错控制编码中，通常信息码元和监督码元在分组内有确定的位置。在系统码中，编码后的信息码元保持不变，而非系统码中信息码元则改变了原来的信号形式。系统码的性能大体上与非系统码的相同。但在某些卷积码中，非系统码的性能优于系统码。由于非系统码中的信息位已经改变了原有的信号形式，这会给观察和译码都带来麻烦，因此很少应用，而系统码的编码和译码相对比较简单些，所以得到广泛的应用。

按照纠正错误类型可分为纠正随机错误码、纠正突发错误码、纠正混合错误码以及纠正同步错误码等。

按照每个码元取值来分，可分为二元码与多元码，也称为二进制码与多进制码。目前传输系统或存储系统大都采用二进制的编码，所以一般提到的纠错码都是指二元码。一般来说，针对随机错误的编码方法与设备比较简单，成本较低，且效果较显著；纠正突发错误的编码方法和设备较复杂，成本较高，效果不如前者显著。因此，要根据错误的性质设计编码方案和选择差错控制的方式。

(2) 信道编码的基本原理

在被传输的信息序列上附加一些码元（监督码元），这些多余的码元与信息（数据）码元之间以某种确定的规则相互关联。接收端根据既定的规则检验信息码元与监督码元之间的关系，如传输过程中发生差错，则信息码元与监督码元之间的关系将受到破坏，从而使接收端可以发现传输中的错误，乃至纠正错误。可见，用纠检错控制差错的方法来提高通信系统的可靠性是以牺牲有效性来换取的。在通信系统中，差错控制方式一般可以分为检错重发、前向纠错、混合纠错检错和信息反馈四种类型。

香农的信道编码定理指出：对于一个给定的有干扰的信道，如信道容量为 C，只要发送端以低于 C 的速率 R 发送信息（R 为编码器输入的二元码元速率），则一定存在一种编码方法，使编码错误概率 P 随着码长 n 的增加，按指数下降到任意小的值。这就是说，可以通过编码使通信过程不发生错误，或使错误控制在允许的数值之内。香农理论为通信差错控制奠定了理论基础。

码的检错和纠错能力是用信息量的冗余度来换取的。一般信息源发出的任何消息都可以用二元信号"0"和"1"表示。例如，要传送 A 和 B 两个消息，可以用"0"码表示 A，用"1"码表示 B。在这种情况下，若传输中产生错码，即"0"错成"1"，或"1"错成"0"，接收端发现不了，因此这种编码没有检错和纠错能力。如果分别在"0"和"1"后面附加一个"0"和"1"，变为"00"和"11"（分别表示消息 A 和 B）。这时，在传输"00"和"11"时，如果发生一位错码，则变成"01"或"10"，译码器即可判为有错，因为没有规定位用"01"或"10"码字。这表明，附加一位称为监督码的码后，码字具有了检出一位错码的能力。但因译码器不能判决哪位发生错码，所以不能纠正，表明没有纠错能力。

上述的"01"和"10"称为禁用码，而"00"和"11"称为许用码。进一步，若在信息码后附加两位监督码，即用"000"代表 A，用"111"表示 B，码组成为长度为 3 的二元编码，而 3 位的二元码有 $2^3 = 8$ 种组合，选择"000"和"111"为许用码，其余 6 个 001、010、100、011、101、110 为禁用码。此时，如果传输中产生一位错误，接收端将收到禁用码，因此接收端可以判决传输有错。不仅如此，接收端还可以根据"大数"法则来纠正一个错码，即 3 位码字中如有 2 个或 3 个"0"，可判其为"000"（消息 A）；如有 2 个或 3 个"1"，也将判其为"111"（消息 B）。所以，此时还可以纠正一位错码。如果在传输中产生两位错码，也将变为上述的禁用码，译码器仍可判为有错。这说明监督码可以检出 2 位和 2 位以下的错码以及纠正一位错码的能力。可见，纠错编码之所以具有检错和纠错能力，是因为在信息码之外附加了监督码。监督码不传递信息，它的作用是监督信息码在传输中有无差错，对用户来说是多余的，最终也不传送给用户，但它提高了传输的可靠性。监督码的引入降低了信道的传输效率。一般来说，引入监督码元越多，码的检错、纠错能力越强，但信通的传输效率下降也越多。人们研究的目标是寻找一种编码方法使所加的监督码元最少，而检错、纠错能力强且又便于实现的编码方法。

电子标签系统常用的编码方式有反向不归零编码、曼彻斯特编码、单极性归零编码、差动双相编码、米勒编码和差动编码。

① 反向不归零（NRZ，Non Return Zero）编码　反向不归零编码用高电平

表示二进制"1"，低电平表示二进制"0"。射频识别技术中的调制方法一般使用调幅（AM），也就是将有用信号调制在载波的幅度上传送出去。这里的"有用信号"指用高低电平表示数据"0"或"1"。那么如何用高低电平表示数据"0"或"1"呢？最简单的办法就是用高电平表示"1"，用低电平表示"0"如图 6-8 所示。

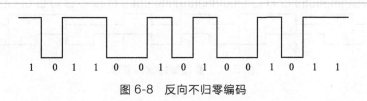

图 6-8　反向不归零编码

这种编码方式存在的最大缺陷就是数据容易失步。图 6-8 上的数据可以清晰地看到，但是如果发送方连续发送 100 个"0"或 100 个"1"，就会有 100 个连续高电平或 100 个连续低电平。这种情况下，接收方极有可能把数据的个数数错，把 100 数成 99 或 101，这就是数据失步。所以这种编码很少直接采用。这就要求使用的编码既能让接收方知道发送方传送的是"1"还是"0"，又能让接收方正确分辨出每个二进制比特。实际的射频识别技术中采用的数据编码主要是其他几种，它们都能满足上述要求。

② 曼彻斯特（Manchester）编码　曼彻斯特编码也被称为分相编码（Split-Phase Coding）。在曼彻斯特编码中，某位的值是用该位长度内半个位周期的电平变化（上升/下降）表示的，半个位周期时的负跳变表示二进制"1"，半个位周期时的正跳变表示二进制"0"，如图 6-9 所示。

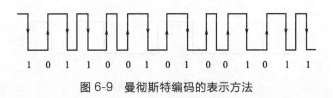

图 6-9　曼彻斯特编码的表示方法

曼彻斯特编码采用负载波的负载调制或者反向散射调制时，通常用于从电子标签到读写器的数据传输，这样有利于发现数据传输的错误。这是因为在位长度内，"没有变化"的状态是不允许的。当多个电子标签同时发送的数据位有不同值时，接收的上升边和下降边互相抵消，导致在整个位长度内出现不间断的副载波信号。由于该状态是不被允许的，所以读写器利用该错误就可以判定碰撞发生的具体位置，如图 6-10 所示。

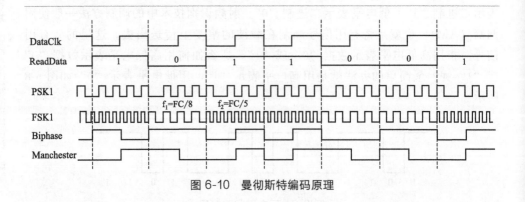

图 6-10　曼彻斯特编码原理

③ 单极性归零（Unipolar RZ）编码　单极性归零编码用第一个半个位周期中的高电平表示二进制"1"，而持续整个位周期内的低电平信号表示二进制"0"，如图 6-11 所示。单极性归零编码可用来提取位同步信号。

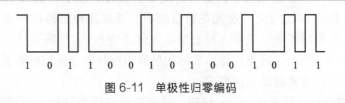

图 6-11　单极性归零编码

④ 差动双相（DBP）编码　差动双相编码半个位周期中的任意边沿表示二进制"0"，而没有边沿就是二进制"1"，如图 6-12 所示。此外，在每个位周期开始时，电平都要反相。因此，对接收器来说，位节拍比较容易重建。

图 6-12　差动双相编码

⑤ 米勒（Miller）编码　米勒编码半个位周期内的任意边沿表示二进制"1"，而下一个位周期中不变的电平表示二进制"0"。位周期开始时产生电平交变。

如图 6-13 所示，米勒码用数据中心是否有跳变表示数据。数据中心有跳变表示"1"，数据中心无跳变表示"0"。当发送连续的"0"时，则在数据的开始处增加一个跳变防止失步。

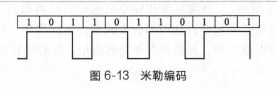

图 6-13 米勒编码

⑥ 差动编码 差动编码中，每个要传输的二进制"1"都会引起信号电平的变化，而对于二进制"0"，信号电平保持不变。用 XOR 门的 D 触发器可以很容易地从 NRZ 信号中产生差动编码，如图 6-14 所示。

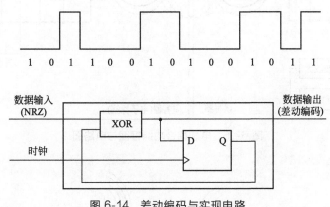

图 6-14 差动编码与实现电路

在 RFID 系统中，由于使用的电子标签常常是无源的，无源标签需要在 RFID 读写器的通信过程中获得能量供应。为了保证系统的正常工作，信道编码方式首先必须保证不能中断读写器对电子标签的能量供应。另外，为了保障系统工作的可靠性，还必须在编码中提供数据一级的校验保护，编码方式应该提供这些功能，并根据码型的变化来判断是否发生误码或有电子标签冲突发生。

在 RFID 系统中，当电子标签是无源标签时，经常要求基带编码在每两个相邻数据位元间具有跳变的特点，这种相邻数据间有跳变的码，不仅可以保证在连续出现"0"时对电子标签的能量供应，而且便于电子标签从接收到的码中提取时钟信息串。在实际的数据传输中，由于信道中存在干扰，数据必然会在传输过程中发生错误，这时要求信道编码能够提供一定的检测错误的能力。

6.2.2 射频识别系统的通信调制方式

电子标签与读写器之间通过天线进行通信，然而由于天线的种类不同，导致天线之间的耦合方式不同，一种为电感耦合（图 6-15 所示），另外一种为反向散射式耦合（图 6-16 所示）。当读写器和标签之间的近距离通信采用线圈天线时，线圈和线圈之间存在磁场耦合，这种耦合方式称为电感耦合。无源标签吸收电磁能量后，激励内部电路工作，然后再与读写器通信，这种通信方式常被称为反向散射技术。

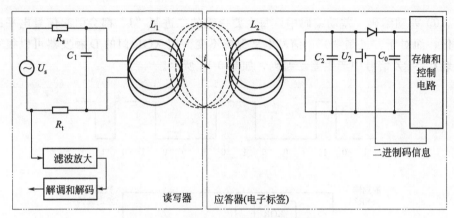

图 6-15 电感耦合功能框图与电路图

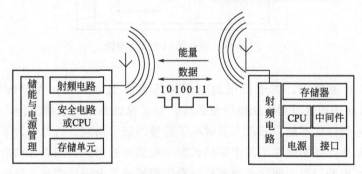

图 6-16 反向散射调制电子标签功能框图

（1）负载调制

电感耦合属于一种变压器耦合，即作为初级线圈的读写器和作为次级线圈的标签之间的耦合。只要两线圈之间的距离不大于 0.16λ（电磁波波长），并且标签处于发送天线的近场内，变压器耦合就是有效的。如果把谐振的标签（标签的固有谐振频率与读写器的发送频率相符合）放入读写器天线的交变磁场中，那么该标签就从磁场中获得能量。标签天线上负载电阻的接通和断开使读写器天线上的电压发生变化，实现远距离标签对天线电压的振幅调制。如果通过数据控制负载电压的接通和断开，那么这些数据就能从标签传输到读写器，这种数据传输方式称为负载调制。但是在这种工作方式下，读写器天线与标签天线之间的信号很弱，读写器天线输入有用信号的电压波动在数量级上比读写器的输出电压小，因此很难检测出来。此时，如果标签的附加电阻以很高的频率接通或断开，那么在读写器的发送频率上会产生两条谱线，很容易检测到，这种新的基本频率称为副载波，这种调制称为副载波调制[4]。

（2）反向散射调制

电磁反向散射耦合方式一般用于高频系统，对高频系统来说，随着频率上升，信号的穿透性越来越差，而反射性却越来越明显。在高频电磁耦合的 RFID 系统中，当读写器发射的载频信号辐射到标签时，标签中的调制电路通过待传输的信号来控制电路与天线的匹配，以实现信号的幅度调制。当匹配时，读写器发射的信号被吸收。反之，信号被反射。在时序法中，读写器到标签的数据和能量传输与标签到读写器的数据传输在时间上是交错进行的。读写器的发送器交替工作，其电磁场周期性地断开或连通，这些间隔被标签识别出来，并被应用于标签到读写器的数据传输。在读写器发送数据的间歇时刻，标签的能量供应中断，必须通过足够大的辅助电容进行能量补偿。在充电过程中，标签的芯片切换到省电或备用模式，从而使接收的能量几乎完全用于充电电容的充电。充电结束后，标签芯片上的振荡器被激活，其产生的弱交变磁场能被读写器接收，当所有的数据发送完后，激活放电模式以使充电电容完全放电[5]。

6.2.3　反射式射频识别系统的通信方式

反向散射调制技术是标签和阅读器通信方式之一。这一技术原理基于电磁波的反射，利用了标签天线和标签输入电路之间反射系数的变化改变信号的振幅和相位。处于工作状态的电子标签上有一个连接到负载的天线，如图 6-17 所示。如果天线与其负载匹配，则在接口处没有反射发生 [图 6-17(a)]；如果负载开路或者短路将出现全反射 [图 6-17(b)]，标签的接收功率为标签天线发射功率。通过在这两种状态之间进行切换，阅读器收到的功率会以 ASK 的方式进行调制。PSK 是基于反射系数相位的调制，在这种情况下，相位被改变 π [图 6-17(c)和(d)]。

阅读器发射的射频信号功率一部分被标签吸收用于芯片供电，另外一部分被标签反向散射实现标签与阅读器之间的通信。前一部分功率影响系统的有效识别距离，后一部分功率影响通信的误码率。标准的 ASK 获得的最大吸收功率为天线接收功率的 50%，通过工作周期功耗管理可以提高这一值。在 PSK 方式下，最大吸收功率为 50% 是可能的。相较 ASK，PSK 调制状态下电路获得的吸收功率是常数，即稳定的供电。但是当采用反向散射调制的远距离供电时，提供给标签电源的功率部分与提供给通信的功率部分存在严格折中。理论推导表明，最佳的 ASK 和最佳的 PSK 之间并没有很大区别。就标签可获得的吸收功率而言，ASK 更具优势，而当比较误码率时，PSK 性能更好[6,7]。

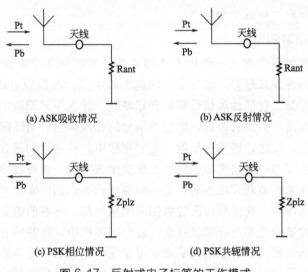

(a) ASK吸收情况　　　　　　　　(b) ASK反射情况

(c) PSK相位情况　　　　　　　　(d) PSK共轭情况

图 6-17　反射式电子标签的工作模式

　　阅读器的天线是实现发射和接收电磁波的重要设备。传统的固定式阅读器一般采用圆极化天线，原因是标签基本是线极化的，而且标签相对阅读器的位置是不确定的，使用圆极化的天线能够提高有效的识别率。当然，在使用近距离、可移动 RFID 阅读器的场合也可以采用线极化的阅读器天线。具体选用的天线的类型、增益等需要结合实际应用场合来考虑。

6.3　电子标签及标准概述

6.3.1　电子标签

6.3.1.1　电子标签体系结构

　　电子标签是携带物品信息的数据载体。根据工作原理的不同，电子标签这个数据载体可以划分为两大类，一类是利用物理效应进行工作的数据载体，一类是以电子电路为理论基础的数据载体。电子标签体系结构的分类如图 6-18 所示。

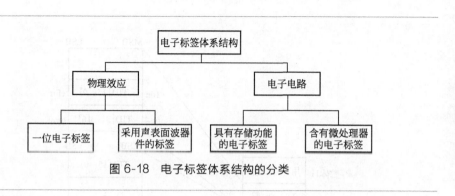

图 6-18 电子标签体系结构的分类

当电子标签利用物理效应进行工作时，属于无芯片的电子标签系统。这种类型的电子标签主要有"一位电子标签"和"声表面波器件"两种工作方式[8~10]。

当电子标签以电子电路为理论基础进行工作时，属于有芯片的电子标签系统。这种类型的电子标签主要由模拟前端（射频前端）电路和控制电路、存储电路构成，主要分为具有存储功能的电子标签和含有微处理器的电子标签两种结构。

6.3.1.2　电子标签的存贮器结构

各个厂商生产的电子标签其存贮器的结构是相同的，但会存在容量大小的差别。

（1）电子标签存贮器

从逻辑上来说，一个电子标签分为四个存贮体，每个存贮体可以由一个或一个以上的存贮器组成[25]。其存贮逻辑如图 6-19 所示。

从结构图中可以看到，一个电子标签的存贮器分成四个存贮体。

存贮体 00：保留内存（Reserver）；

存贮体 01：EPC 存贮器；

存贮体 10：TID 存贮器；

存贮体 11：用户自定义存贮器。

1）保留内存　保留内存为电子标签存贮密码（口令）的部分。包括灭活口令和访问口令。灭活口令和访问口令都为 4 个字节。其中，灭活口令的地址为 00H～03H（以字节为单位），访问口令的地址为 04H～07H。

2）EPC 存贮器　EPC 存贮器用于存贮电子标签的 EPC 号、PC（协议-控制字）以及这部分的 CRC-16 校验码。其中，CRC-16 存贮地址为 00H～03H，4 个字节，CRC-16 为本存贮体中存贮内容的 CRC 校验码。

PC 是电子标签的协议-控制字，存贮地址为 04H～07H，4 个字节。PC 表明本电子标签的控制信息，包括如下内容。

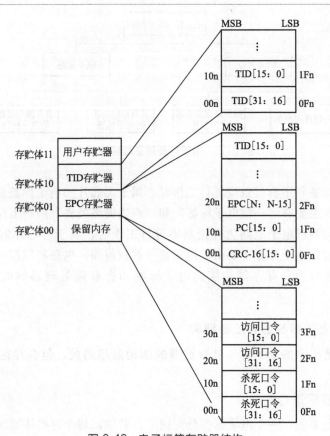

图 6-19　电子标签存贮器结构

① PC 为 4 个字节，16 位，其每位的定义如下。

00H～04H 位：电子标签的 EPC 号的数据长度；

=000002：EPC 为一个字，16 位；

=000012：EPC 为两个字，32 位；

=000102：EPC 为三个字，48 位；

…

=111112：EPC 为 32 个字；

05H～07H 位：RFU=0002；

08H～0FH 位：=000000002；

② EPC 号　若干个字，由 PC 的值来指定。

EPC 为识别标签对象的产品电子代码。EPC 存储在以 20h 开始的存储地址，MSB 优先。用于存贮本电子标签的 EPC 号的长度在以上 PC 值中指定。每类电子标签（不同厂商或不同型号）的 EPC 长度可能会不同。用户通过读该存贮器内容命令读取 EPC 号。

3）TID 存贮器　该存贮体指电子标签的产品类识别号，每个生产厂商的 TID 号都会不同。用户可以在该存贮区中存贮产品分类数据及产品供应商的信息。一般来说，TID 存储的长度为 4 个字，8 个字节。但有些电子标签的生产厂商提供的 TID 区会为 2 个字或 5 个字。用户在使用时，需根据自己的需要选用相关厂商的产品。

4）用户存贮器　该存贮区用于存贮用户自定义的数据。用户可以对该存贮区进行读、写操作。该存贮器的长度由各个电子标签的生产厂商确定。各个生产厂商提供的电子标签，其用户存贮区的长度不同。存贮长度大的电子标签会贵一些。用户应根据应用的需要来选择相应长度的电子标签，以降低标签的成本。

（2）存贮器的操作

由电子标签供应商提供的标签为空白标签，用户在电子标签发行时，通过读写器将相关数据存贮在电子标签中。然后在标签的流通过程中，通过读取标签存贮器的相关信息，或将某状态信息写入电子标签中，完成系统的应用。

读写器提供的存贮命令都能支持对四个存贮区的读写操作。但有些电子标签在出厂时就已由供应商设定为只读，不能由用户自行改写，这点在选购电子标签时需特别注意。

6.3.1.3　电子标签的操作命令集

在实际应用电子标签时，需要用户对电子标签的命令集有一个了解，这样才能有效地进行系统的设计及应用。这些命令集是编程开发的基础，对电子标签的操作就是调用这些封装好的命令集。包括电子标签的存贮命令、电子标签的状态及其转换命令、电子标签的操作及命令说明、电子标签的使用步骤。

下面简要介绍电子标签的一些重要的概念。这些是在应用电子标签的命令中经常遇到的，真正开发的过程中需详细了解这些概念。

在对电子标签进行操作时，有三组命令集用于完成相关的操作。这三组命令集分别是选择、盘存及访问，这三组命令集均由一个或多个命令组成。

（1）选择（SELECT）

由一条命令组成。读写器对电子标签进行读写操作前，需应用相关的命令选择符合用户定义的标签。使符合用户定义的标签进入相应的状态，而其他不符合用户定义的标签仍处于非活动状态，这样可有效地将所有的标签按各自的应用分成几个不同的类，以利于进行标签操作。

（2）盘存（INVENTORY）

盘存由多条命令组成。盘存是将所有符合选择条件的标签循环扫描一遍，标签分别返回其 EPC 号。用户利用该操作可以将所有符合条件的标签的 EPC 号读出来。并将标签分配到各自的应用块中。盘存操作中有许多参数，并且是一个扫描的循环，在一个盘存扫描中，会组合应用到几条不同的盘存命令，故一个盘存又被称为一个盘存周期。

因为读写器与标签之间对盘存命令数据交换的时间响应有严格的要求，故读写器会将一个盘存周期操作设计成一个盘存循环算法提供给用户使用，而不需要用户去设计盘存算法及盘存步骤。一般读写器会根据各种不同的盘存需要设计几个优化的盘存算法命令，供用户使用。

（3）操作（ACCESS）

用户应用该组命令完成对电子标签的读取或写入操作。该命令集包括电子标签的密码校验、读标签、写标签、锁定标签及灭活标签等。

6.3.1.4 标签命令相关概念

（1）会话

电子标签的工作区域有 4 个，称为 4 个会话（S0、S1、S2、S3），一个标签在一个盘存周期中只能处于其中的一个会话中。例如，可以用 SELECT 选择命令使某个应用的标签群进入 S0 会话（称之为工作区域），再用另一个 SELECT 选择命令使另一个应用的标签群进入 S1 会话。这就相当于将标签群按不同的应用分在不同的工作区域中。然后分别在不同的工作区域中，应用盘存命令将其标签进行盘存操作或其他读写操作。

（2）已盘存标记

当一个标签处于某个通话（工作区域）时，用户可以应用盘存命令对其进行盘存，标签会返回其 EPC 值，并且为其设置一个已盘存标记。这样对于以后的盘存，如果其参数与标签的已盘标记不符，标签就不会再响应该盘存命令。电子标签的已盘存标记值有 A 和 B。

用户在应用 SELECT 命令时，会有一个参数确定符合选择条件的标签在进入一个通话后初始的已盘存标记。当一个标签被盘存后，标签会按照用户盘存命令中的参数要求，更改其已盘存标记。

下面举例说明两个读写器如何利用通话和已盘存标记独立交错地盘存共用标签群。

① 打开读写器 1♯电源，然后启动一个盘存周期，使通话 S2 中的标签从 A 转化为 B。

② 关闭电源。

③ 打开询问机 2♯电源。

④ 然后启动一个盘存周期，使通话 S3 中的标签从 B 转化为 A。

⑤ 关闭电源。

反复操作本过程直至询问机 1♯ 将通话 S2 的所有标签均放入标签 B，然后将通话 S2 的标签从 B 盘存为 A。同样，反复操作本过程直至询问机 2♯ 将通话 S3 的所有标签放入 A，然后再将通话 S3 的标签从 A 盘存为 B。通过这种多级程序，各询问机可以独立地将所有标签盘存到它的字段中，无论其已盘标记是否处于初始状态。

标签的已盘标记持续时间如表 6 1 所示。

标签应采用以下规定的已盘标记打开电源：

① S0 已盘存标记应设置为 A。

② S1 已盘存标记应设置为 A 或 B，视其存储数值而定，如果以前设置的已盘存标记比其持续时间要长，则标签应将其 S1 已盘存标记设置为 A，打开电源。由于 S1 已盘存标记不是自动刷新，因此可以从 B 回复到 A，即使在标签上电时也可以如此。

③ S2 已盘存标记应设置为 A 或 B，视其存储的数值而定，若标签断电时间超过其持续时间，则可以将 S2 已盘存标记设置到 A，打开标签。

④ S3 已盘存标记应设置为 A 或 B，视其存储的数值而定，若标签断电时间超过其持续时间，则可以将 S3 已盘存标记设置到 A，打开标签。

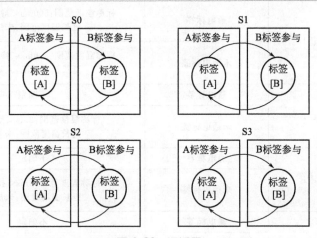

图 6-20　通话图

无论初始标记值是多少，标签应能够在 2ms 或 2ms 以下的时间将其已盘存标记设置为 A 或 B。标签应在上电时更新其 S2 和 S3 标记，这意味着每次标签断开电源，其 S2 和 S3 已盘存标记的持续时间如表 6-1 所示。当标签正参与某一盘存周期时，标签不应让其 S1 已盘存标记失去持续性。相反，标签应维持此标记值直至下一个 Query 命令，此时，标记可以不再维持其连续性（除非该标记在盘存周期更新，这种情况下标记应采用新值，并保持新的持续性）。

（3）选定标记

标签具有选定标记，读写器可以利用 Select 命令予以设置或取消。

Query 命令中的 Sel 参数使读写器对具有 SL 标记或无 SL 标记（～SL）的标签进行盘存，或者忽略该标记和盘存标签。SL 与任何通话无关，SL 适用于所有标签，无论是哪个通话。

标签的 SL 标记的持续时间如表 6-1 所示。标签应以其被设置的或取消的 SL 标记开启电源，视所存储的具体数值而定，无论标签断电时间是否大于其 SL 标记持续时间。若标签断电时间超过 SL 持续时间，标签应以其被取消确认的 SL 标记开启电源（设置到～SL）。标签应能够在 2ms 或 2ms 以下的时间内确认或取消其 SL 标记，无论其初始标记值如何。打开电源时，标签应刷新其 SL 标记，这意味着每次标签电源断开，其 SL 标记的持续时间均如表 6-1 所示。

表 6-1　标签标记和持续值

标记	应持续时间	
S0 已盘标记	通电标签	不确定
	未通电标签	无
S1 已盘标记 1	通电标签	标称温度范围:500ms＜持续时间＜5s 延长温度范围:未规定
	未通电标签	标称温度范围:500ms＜持续时间＜5s 延长温度范围:未规定
S2 已盘标记 1	通电标签	不确定
	未通电标签	标称温度范围:2ms＜持续时间 延长温度范围:未规定
S3 已盘标记 1	通电标签	不确定
	未通电标签	标称温度范围:2ms＜持续时间 延长温度范围:未规定
选定标记 1	通电标签	不确定
	未通电标签	标称温度范围:2ms＜持续时间 延长温度范围:未规定

注：对于随机选择的足够大的标签群，95％的标签持续时间应符合持续要求，且应达到 90％的置信区间。

（4）标签状态

标签在使用过程中，会根据读写器发出的命令处于不同的工作状态，在各个状态下，可以完成各自不同的操作。即标签只有在相关的工作状态下才能完成相应的操作。标签亦是按照读写器命令将其状态转换到另一个工作状态。

标签的状态包括：就绪状态、仲裁状态、应答状态、确认状态、开放状态、保护状态和灭活状态。

① 标签在进入读写器天线有效激励射频场后，未灭活的标签就进入就绪状态。在此状态下，标签等待选择命令，按照其参数进入相应的工作区域（通话），并设置初始已盘存标记（A、B、SL），等待某盘存命令，当一个盘存命令中的参数符合当前标签所处的工作区域（通话）和已盘存标记，则匹配的标签就进入了一个盘存周期。标签会从其随机数发生器中抽出 Q 位数（参见槽计数器），将该数字载入槽计数器内，若该数字不等于零，则标签转换到仲裁状态；若该数字等于零，则标签转换到应答状态。对于掉电后的标签，当其电源恢复后，亦进入就绪状态。

② 在一个盘存周期中，各个标签的槽计数器值是不同的。所有标签会根据当前盘存扫描周期中的命令，完成其计数器的减 1 操作。当某个标签的槽计数器等于零时，表明该标签进入应答状态。而其他的标签则仍然处于仲裁状态。通过这种方式就会分别使所有的标签进入应答状态，从而完成对标签更进一步的操作。

③ 标签进入应答状态后，标签会发回（实际上是反向散射，但为叙述简便，在今后的描述中会说成是标签的响应或发射）一个 16 位的随机数 RN16。读写器在收到标签发射的 RN16 后，会向该标签发送一条含有该 RN16 的 ACK 命令。若标签收到有效的 ACK 命令，则该标签会转换到确认状态，并发射标签自身的 PC、EPC 和 CRC-16 值。若标签未能接收到 ACK，或收到无效 ACK，则应返回仲裁状态。

④ 标签进入确认状态后，读写器可以发出访问命令，使标签进入以后的开发状态或保护状态。

⑤ 如果该标签的访问口令不等于零，标签在读写器发出访问命令后，会进入开放状态。在此状态下，读写器需进一步发出访问口令的校验命令，当该命令有效时，标签进入保护状态。

⑥ 如果标签的访问口令等于零，则标签在确认状态下接收到访问命令后，即进入保护状态。

⑦ 如果标签的访问口令不等于零，标签在开放状态下，接收到读写器的校验访问口令后，如果该命令有效，则标签进入保护状态。标签在保护状态下，读写器可以完成对标签的各项访问操作，包括读标签、写标签、锁定标签和灭活标签等。

标签在开放状态或保护状态下，接收到读写器的灭活标签命令，会使其进入灭活状态。表明该标签已被杀灭，不能再被使用。灭活操作具有不可逆性，即一个标签被灭活后不能再用。

（5）槽计数器与标签随机或伪随机数据发生器

每个标签中都含有一个 15 位的槽计数器，标签在准备状态下，收到盘存命令后，该盘存命令中含有一个参数 Q 值，标签会由自身的随机数产生器产生一个 $0 \sim 2^{Q-1}$ 之间的数值，载入标签的槽计数器。随后，该槽计数器的值会在一个盘存周期中随着盘存命令减 1，当其值为零时，标签就自动进入应答状态。而其他不为零的标签仍然处于仲裁状态。

标签自身含有一个 16 位的随机数或伪随机数发生器（RNG），可以响应读写器命令中的密钥参数等。

6.3.1.5 标签命令集

读写器与电子标签之间数据交换是由读写器先发出命令，标签根据自己的状态响应该命令，如该命令有效，标签在执行完该命令后，向读写器反向散射返回数据。为描述方便，将标签的反向散射描述为向读写器发送数据。

读写器对标签的操作包括如下三大类命令。

1）盘存标签　下面对 SELECT 命令进行介绍，其参数包括以下六个。

①目标　值为 0～4，分别表示：0—通话 S0；1—通话 S1；2—通话 S2；3—通话 S3；4—选择标记 SL。该参数表示应用选择命令后，使符合用户需要的标签进入相应的工作区域（通话）中。

②动作　值为 0～7，表示的含义见表 6-2，该参数表明对被选择的符合条件的标签设定其已盘存标记。

表 6-2　标签对动作参数的响应

动作	匹配	不匹配
000	确认 SL 标记或已盘存标记→A	取消 SL 标记或已盘存标记→B
001	确认 SL 标记或已盘存标记→A	无作为
010	无作为	取消 SL 标记或已盘存标记→B
011	否定 SL 标记或（A→B,B→A）	无作为
100	取消 SL 标记或已盘存标记→B	确认 SL 标记或已盘存标记→A
101	取消 SL 标记或已盘存标记→B	无作为
110	无作为	确认 SL 标记或已盘存标记→A
111	无作为	否定 SL 标记或（A→B,B→A）

③存贮体　0～3，分别表示：0—RFU，未用；1—EPC，EPC 存贮体；2—TID，TID 存贮区；3—User，用户存贮区。该参数与其他参数组合在一起，构

成一个掩膜值，用于选择符合掩膜值内容的电子标签。

④ 指针　1个字节。该参数说明掩膜数据的起始地址。

⑤ 长度　1个字节。该参数说明掩膜数据的数据长度。

⑥ 掩膜数据　若干字节。该参数表示掩膜数据。

掩膜值的意义在于：当 SELECT 命令设置了有效的掩膜值后，符合该掩膜值的标签才算是本次选择的有效匹配标签，而其他的标签为未匹配标签。对于有效匹配标签，则作相应的已盘存标记动作，并进入 SELECT 命令中设定的通话（工作区域中）。对于无效的标签也会按照已盘存标记动作参数的要求进入相应的动作和相应的工作区域。

2）唤醒标签/休眠标签

唤醒标签：只使一张标签处于开放状态或保护状态，在此状态下，该标签可以执行进一步的访问操作，而对其他标签的访问无效。

休眠标签：使一张被唤醒的标签处于休眠状态。在此说明的是，实际上标签在使用过程中并没有休眠状态，而是在使用过程中为方便用户的操作，人为地增加了一个唤醒状态，而与其对应地增加了一个休眠状态。

下面对参数进行介绍，其参数如下。

① SEL　1个字节，值为：0—全部；1—全部；2—～SL；3—SL；该参数与SELECT 参数中的"目标"参数相对应，表明本盘存周期只针对相应的选定标签，而对其他标签无效。

② 通话　1个字节，值为：0—S0；1—S1；2—S2；3—S3；该参数与 SELECT 参数中的"目标"参数相对应，表明本盘存周期只针对相应的选定标签，而对其他标签无效。

③ 目标　1个字节，0—A；1—B；该参数表明对已盘存标记为 A 或 B 的标签进行盘存。

④ Q值　1个字节，0～15；该参数表明盘存命令的 Q 值。

⑤ 盘存算法　针对各种不同的盘存需要，一般读写器会提供用户几种不同的盘存算法，供用户在不同的盘存情况下使用，用户可以根据自己的要求选择相应的算法，使效率达到最高。

⑥ 盘存周期　该参数表明在一个盘存周期中执行几次盘存命令。

3）访问标签　包括对标签的读、写、锁定、灭活等操作。

本命令集用于对已被唤醒的标签进行进一步的读、写操作。本部分的操作只对已被唤醒的标签有效。访问命令集包括如下基本命令。

① 校验访问口令　该命令用于将 16 位的访问口令以及 16 位的灭活口令设置在读写器中，以用于对标签进行进一步的校验和灭活操作。

② 读标签数据　该命令用于读取标签的某个存贮块的数据。

③ 写标签数据　该命令用于将某个字的数据写入到标签中。

④ 锁定标签数据　该命令用于将标签的读取、写入等状态进行锁定。对于已被锁定的状态，则只有在符合锁定状态的条件下，才能对标签进行读、写操作。

⑤ 灭活标签　本操作命令将灭活标签，使符合条件的标签不再可用。在执行灭活命令前，必须先将灭活口令设置到读写器中。

⑥ 块写入数据　本命令是将一个数据块一次性写入到标签中。

⑦ 块擦除数据　用于一次性擦除标签中的某个数据块。

在进行标签操作的过程中，因参数设置不当会返回错误码。这些错误码对开发人员非常有用。对标签的访问操作，如果命令码不正确或其他一些错误出现，标签将无法有效地执行相关的操作，标签会返回出错信息，用户可以利用这些信息判别错误的原因。常见的标签错误代码如表 6-3 所示。

表 6-3　标签错误代码

错误代码支持	错误代码	错误代码名称	错误描述
特定错误代码	000000002	其他错误	全部捕捉未被其他代码覆盖的错误
	000000112	存储器超限或不被支持的 PC 值	规定存储位置不存在或标签不支持 PC 值
	000001002	存储器锁定	规定存储位置锁定和/或永久锁定，且不可写入
	000010112	电源不足	标签电源不足，无法执行存储写入操作
非特定错误代码	000011112	非特定错误	标签不支持特定错误代码

6.3.2　电子标签相关标准

6.3.2.1　EPC 标签

EPC 标签是产品电子代码的信息载体，其中存储的唯一信息是 96 位或 64 位产品 EPC。根据基本功能和版本号的不同，EPC 标签有类（Class）和代（Gen）的概念，Class 描述的是 EPC 标签的基本功能，Gen 是指 EPC 标签规范的版本号。

（1）EPC 标签的类

为了降低成本，EPC 标签通常是被动式电子标签，根据功能级别的不同，EPC 标签可以分为 Class 0、Class 1、Class 2、Class 3 和 Class 4 五类[11,12]。

1）Class 0　该类 EPC 标签一般能够满足供应链和物流管理的需要，可以用于超市结账付款、超市货品扫描、集装箱货物识别及仓库管理等领域。Class 0 标签主要具有以下功能：

① 包含 EPC、24 位自毁代码以及 CRC；

② 可以被读写器读取，可以被重叠读取，但存储器不可以由读写器写入；

③ 可以自毁，自毁后电子标签不能再被识读。

2）Class 1　该类 EPC 标签又称为身份标签，是一种无源、后向散射式的电子标签。该类 EPC 标签除了具备 Class 0 标签的所有特征外，还具备以下特征：

① 具有一个产品电子代码标识符和一个标签标识符（Tag Identifier，TID）；

② 能够通过 Kill 命令实现标签自毁功能，使标签永久失效；

③ 具有可选的保护功能；

④ 具有可选的用户存储空间。

3）Class 2　该类 EPC 标签也是一种无源、后向散射式电子标签，它是性能更高的电子标签，除了具有 Class 1 标签的所有特征外，还具有以下特征：

① 具有扩展的标签标识符 TID；

② 扩展的用户内存和选择性识读功能；

③ 访问控制中加入了身份认证机制，使标签永久失效。

4）Class 3　该类 EPC 标签是一种半有源、后向散射式标签，它除了具有 Class 2 标签的所有特征外，还具有以下特征：

① 标签带有电池，有完整的电源系统，片上电源可为标签芯片提供部分逻辑功能；

② 有综合的传感电路，具有传感功能。

5）Class 4　该类 EPC 标签是一种有源、主动式标签，它除了具有 Class 3 标签的所有特征外，还具有以下特征：

① 标签到标签的通信功能；

② 主动式通信功能；

③ 特别组网功能。

（2）EPC 标签的代（Gen）

EPC 标签的 Gen 和 EPC 标签的 Class 是两个不同的概念，EPC 标签的 Class 描述标签的基本功能，EPC 标签的 Gen 是指主要版本号。例如，EPC Class 1 Gen2 标签指的是 EPC 第 2 代 Class 1 类别的标签，这是目前使用最多的 EPC 标签。

EPC Gen1 标准是 EPC 射频识别技术的基础，主要是为了测试 EPC 技术的可行性。

EPC Gen2 标准主要是使这项技术与实践结合，满足现实的需求。EPC Gen2 标签于 2005 年投入使用，Gen1 到 Gen2 的过渡带来了诸多的益处，EPC

Gen2 可以制定 EPC 统一的标准，识读准确率更高。EPC Gen2 标签提高了 RFID 标签的质量，追踪物品的效果更好，同时提高了信息的安全保密性。EPC Gen2 标签减少了读卡器与附近物体的干扰，并且可以通过加密的方式防止黑客的入侵[13,14]。

美国沃尔玛连锁超市 2005 年开始在货箱和托盘上应用射频识别技术。沃尔玛最早使用的是 EPC Gen1 标签，沃尔玛 EPC Gen1 标签于 2006 年 6 月 30 日被停止使用，从 2006 年 7 月开始，沃尔玛要求供应商采用 EPC Gen2 标签。零售巨头沃尔玛的这一要求意味着许多公司（如 Metrologic 仪器和 MaxID 公司等）需要将其技术由 EPC Gen1 标准升级到 EPC Gen2 标准。

EPC Gen2 标签不适合单品，因为标签面积较大（主要是标签的天线尺寸大），大致超过了 2 平方英寸（1 英寸＝2.54 厘米），另外就是 Gen2 标签相互干扰。EPC Gen2 技术主要面向托盘和货箱级别的应用，在不确定的环境下，EPC Gen2 标签传输同一信号，任何读写器都可以接收，这对于托盘和货箱来说是很合适的。EPC Gen3 标准可以实现单品识别与追踪，解决 EPC Gen2 技术无法解决的问题。

（3）现有的 EPC 标签标准

EPC 原来有 4 个不同的标签制造标准，分别为英国大不列颠科技集团（BTG）的 ISO-18000-6A 标准、美国 Intermec 科技公司的 ISO-18000-6B 标准、美国 Matrices 公司（现在已经被美国讯宝科技公司收购）的 Class0 标准和 Alien Technology 公司的 Class1 标准。上述每家公司都拥有自己标签产品的知识产权和技术专利，EPC Gen2 标准是在整合上述 4 个标签标准的基础上产生的，同时 EPC Gen2 标准扩展了上述 4 个标签标准。

EPC Gen2 标准的一个问题是特权许可和发行。Intermec 科技公司宣布暂停任何特权来鼓励标准的执行和技术的推进，BTG、Alien、Matrics 和其他大约 60 家公司签署了 EPCglobal 的无特权许可协议，这意味着 EPC Gen2 标准及使用是免版税的。但 UHF RFID 产品（如电子标签和读写器等）并非免版税，Intermec 科技公司声称，基于 EPC Gen2 标准的产品包含了自己的几项专利技术[15,16]。

EPC Gen2 标准详细描述了第二代 EPC 标签与读写器之间的通信，EPC Gen2 是符合"EPC Radio Frequency Identity Protocols/Class 1 Generation2 UHF/RFID/Protocol for Communications at 860MHz～960MHz"规范的标签。EPC Gen2 的特点如下。

① 开放和多协议的标准　EPC Gen2 的空中接口协议综合了 ISO/IEC-18000-6A 和 ISO/IEC-18000-6B 的特点和长处，并进行了一系列修正和扩充，在物理层数据编码、调制方式和防碰撞算法等关键技术方面进行了改进，并促使

ISO/IEC-18000-6C 标准在 2006 年 7 月发布。

EPC Gen2 的基本通信协议采用了"多方菜单"。例如，调制方案提供了不同方法来实现同一功能，给出了双边带幅移键控（DB-ASK）、单边带幅移键控（SS-ASK）和反相幅移键控（PA-ASK）3 种不同的调制方案，供读写器选择。

② 全球频率　Gen2 标签能够工作在 860～960MHz 频段，这是 UHF 频谱所能覆盖的最宽范围。世界不同地区分配了不同功率的电磁频谱用于 UHF RFID，Gen2 的读写器能满足不同区域的要求。

③ 识读速率更大　EPC Gen2 具有 80Kbps、160Kbps 和 640Kbps 3 种数据传输速率，Gen2 标签的识读速率是原有标签的 10 倍，这使 EPC Gen2 标签可以实现高速自动作业。

④ 更大的存储能力　EPC Gen2 最多支持 256 位的 EPC 编码，而 EPC Gen1 最多支持 96 位的 EPC 编码。EPC Gen2 标签在芯片中有 96B 的存储空间，并有特有的口令，具有更大的存储能力以及更好的安全性能，可以有效地防止芯片被非法读取[17,18]。

⑤ 免版税和兼容　EPC Gen2 宣布暂停任何特权来鼓励标准的执行和技术的推进，这意味着 EPC Gen2 标准及使用是免版税的，厂商在不缴纳版税的情况下可以生产基于该标准的成品。

EPC Gen2 标签可从多渠道获得，不同销售商的设备之间将具有良好的兼容性，它将促使 EPC Gen2 价格快速降低。

⑥ 其他优点　EPC Gen2 芯片尺寸小，将缩小到原有版本的 1/2 到 1/3。EPC Gen2 标签具有灭活功能，标签收到读写器的灭活指令后可以自行永久销毁。EPC Gen2 标签具有高读取率，在较远的距离测试具有近 100％的读取率。EPC Gen2 具有实时性，容许标签延后进入识读区仍然被识读，这是 Gen1 所不能达到的。EPC Gen2 标签具有更好的安全加密功能，读写器在读取信息的过程中不会把数据扩散出去。EPC Gen2 标签的特点如图 6-21 所示。

6.3.2.2　RFID 技术标准

目前 RFID 技术标准主要定义了不同频段的空中接口及相关参数，包括基本术语、物理参数、通信协议和相关设备等。UHF 频段（300～3000MHz）的射频识别协议主要分为两大阵营：一是 ISO/IEC（国际标准化组织）标准体系，另一个是 EPCglobal 标准体系。

ISO/IEC18000 是国际标准化组织的一个覆盖目前可用频段的 RFID 空中接口标准。目前支持 ISO/IEC18000 标准族的 RFID 产品最多，技术最为成熟。其中，ISO/IEC18000-6 标准定义了 860～960MHz 频段下的 RFID 空中接口标准。EPC 规范由 Auto-ID 中心及后来成立的 EPCglobal 负责制定。EPC Class1 Gen2

标准是 EPCglobal 基于 EPC 和物联网概念推出的，是为每件物品赋予唯一标识代码的电子标签和阅读器之间的空中接口通信技术标准。2006 年 6 月 EPCglobal Class1 Gen2 标准正式进入 ISO/IEC18000-6 标准，成为 ISO/IEC18000-6C。

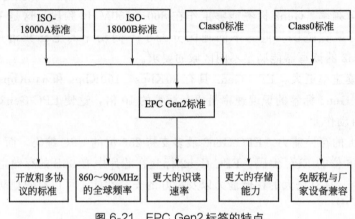

图 6-21　EPC Gen2 标签的特点

根据出现的时间顺序，ISO18000-6 标准可分为 Type A、Type B 和 Type C 三代，它们之间的主要区别见表 6-4，其各自的通信机制见图 6-22～图 6-24。表 6-4 中归纳的各项是设计 Gen2 标准的阅读器电路和软件时必须遵循的规范。概括地说，Type A 特点是存储容量大，防冲突能力弱，指令类型多。Type B 特点是存储容量小，防冲突能力强，指令简单。Type C，即 EPCglobal Gen2 标准，阅读器具有较高的读取率和识读速度，与以往的阅读器相比，识读速率要快 5～10 倍；兼容全球的 RFID 频率；有灵活的编码空间；有良好的安全性和隐私保护性等特点。除此之外，Gen2 标准还增加了密集阅读器模式下工作的功能[19]。

表 6-4　ISO18000-6 各标准比较

比较项	TypeA	TypeB	TypeC(Gen2)
前向链路编码	PIE	Manchester	PIE
后向数据编码	FM0	FM0	FM0、Millersubcarrier
调制方式	ASK	ASK	DSB-ASK、SSB-ASK、PR-ASK
调制深度	27%～100%	30%或100%	80%～100%
位速率	33Kbps	10～40Kbps	26.7～128Kbps
防冲突算法	ALOHA	二叉树	时隙随机算法
前进链路错误校验	所有命令采用 5 位 CRC 校验	16 位 CRC	16 位 CRC 除 Query 命令采用 5 位 CRC

比较项	TypeA	TypeB	TypeC(Gen2)
后向链路错误校验	16 位 CRC	16 位 CRC	除 RN16 采用 16 位 CRC

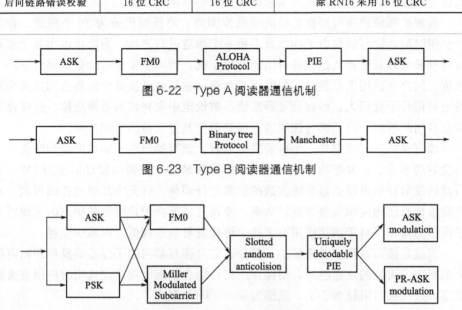

图 6-22 Type A 阅读器通信机制

图 6-23 Type B 阅读器通信机制

图 6-24 Type C 阅读器通信机制

6.3.2.3 **EPC Gen2 UHF 标准的接口参数**

各个公司生产的符合 EPC Gen2 UHF 标准的电子标签，均应符合 EPC Gen2 UHF 相关无线接口性能的标准。从应用电子标签的角度来说，用户不必详细了解该标准的各项参数及读写器与电子标签之间的无线通信接口性能指标。但是，对以下重要的技术参数有一个大致了解，会对用户使用电子标签时的器件选型及系统设计有较大帮助[20]。

首先是 EPC Gen2 UHF 物理接口概念及其说明。EPC 系统是一个针对电子标签应用的系统，一般包括读写器、电子标签、天线以及上层应用接口程序等。每家厂商提供的产品应符合相关标准，所提供的设备在性能上有所不同，但功能是相似的。系统工作过程可简单表述为：读写器向一个或一个以上的电子标签发送信息，采用无线通信的方式调制射频载波信号。标签通过相同的方式调制射频载波接收功率。读写器通过发送未调制射频载波和接收由电子标签反射（反向散射）的信息来接收电子标签中的数据。

EPC Gen2 UHF 标准规定了系统的射频工作频率为 860～960MHz。但各个国家在确定自己的使用频率范围时，会根据情况选择某段频率作为使用频段。我国目前暂订的使用频段为 920～925MHz。用户在选用电子标签和读写器时，应选用符合国家标准的电子标签及读写器。一般来说，电子标签的频率范围较宽，而读写器在出厂时会严格按照国家标准规定的频率来限定。

跳频扩频模式读写器在有效的频段范围内，将该频段分为 20 个频道，在某个使用时刻，读写器与电子标签只占用一个频道进行通信。为防止占用某个频道时间过长或该频道被其他设备占用而产生干扰，读写器使用时会自动跳到下一个频道。用户在使用读写器时，如发现某个频道在某地已被其他设备占用或某个频道上的信号干扰很大，可在读写器系统参数设定中先将该频道屏蔽掉，这样读写器在自动跳频时会自动跳过该频道，以避免与其他设备的应用冲突。

读写器的发射功率是一个很重要的参数。读写器对电子标签的操作距离主要由发射功率确定，发射功率越大，则操作距离越远。我国的暂订标准为 2W，读写器的发射功率可以通过系统参数的设置进行调整，可分为几级或连续可调，用户需根据自己的应用调整该发射功率，使读写器能在用户设定的距离内完成对电子标签的操作。对于满足使用要求的，可将发射功率调低，以减少能耗。

天线是读写系统非常重要的一部分，它对读写器与电子标签的操作距离有很大的影响。天线的性能越好，则操作距离可能会越远。用户在选用时应根据需要确定。天线接口阻抗为 50Ω，范围为 860～960MHz[21]。

读写器与天线的连接有两种情况，一种是读写器与天线装在一起，称为分体机，另一种是通过 50Ω 的同轴电缆与天线相连，称为分体机。天线的指标主要有使用效率（天线增益）、有效范围（方向性选择）、匹配电阻（50Ω）、接口类型等。用户在选用时，需根据自己的需要选用相关的天线[22]。

一个读写器可以同时连接多个天线，在使用这种读写器时，用户需先设定天线的使用序列。数据传输速率有高、低两种。一般的厂商都选择高速数据传输速率。

参考文献

[1] LANDT J. The history of RFID[J]. IEEE Potentials, 2005, 24 (4): 8-11.

[2] NUMMELA J, et al. 13. 56 MHz RFID antenna for cell phone integrated reader [J]. Antennas and Propagation Society International Symposium, 2007 IEEE. 2007.

[3] LU S, YU S. A fuzzy k-coverage approach for RFID network planning using

plant growth simulation algorithm [J]. Journal of Network and Computer Applications, 2014. 39（1）: 280-291.

[4] PRERADOVIC S, KARMAKAR N C. RFID Readers—Review and Design. 2010.

[5] 占小波. 基于环境反向散射的无源无线通信系统研究与实现 [D]. 南昌: 东华理工大学. 2017.

[6] FU X, et al. A low cost 10. 0～11. 1 GHz X-band microwave backscatter communication testbed with integrated planar wideband antennas[C]. 2016 IEEE International Conference on RFID（RFID）. 2016.

[7] 万小磊. 无源 UHF RFID 标签芯片射频模拟前端关键技术研究 [D]. 北京: 国防科学技术大学. 2016.

[8] CHEN M, CHEN S, FANG Y. Lightweight Anonymous Authentication Protocols for RFID Systems[C]. IEEE/ACM Transactions on Networking, 2011, 14（1）: 11.

[9] RASOLOMBOAHANGINJATOVO A H, et al. Custom PXIe-567X software defined interrogation signal generator for surface acoustic wave based passive rfid[J]. IEEE sensor journal, 2015.

[10] LI F, et al. Wireless Surface Acoustic Wave Radio Frequency Identification （SAW-RFID） Sensor System for Temperature and Strain Measurements [C]. Ultrasonics Symposium（IUS）. 2011 IEEE International. 2011.

[11] SANG H L, JIN I S. A System Implementation for Cooperation between UHF RFID Reader and TCP/IP Device [C]. International conference on future generation communication and networking, 2010.

[12] BURMESTER M, MEDEIROS B D. The security of EPC Gen2 compliant RFID protocols[C]. Applied Cryptography and Network Security, 6th International Conference, ACNS 2008, New York, NY, USA, June 3-6, 2008. Proceedings. 2008.

[13] MANDAL K, GONG G. Filtering Nonlinear Feedback Shift Registers using Welch-Gong Transformations for Securing RFID Applications[J]. Security & Safety, 2016. 3（7）: 1517-26.

[14] REN N F, WANG X J, LI Y. Development of Pharmaceutical Production Management System Based on RFID [J]. Key Engineering Materials. 522: 810-813.

[15] BRADY M J, et al. Magnetic tape storage media having RFID transponders [J]. Internec, 2001.

[16] ZHANG X, LIAN X. Design of warehouse information acquisition system based on RFID[C]. Autonation and logistics conference, 2008.

[17] JEON K Y, CHO S H. Performance of RFID EPC C1 Gen2 Anti-collision in Multipath Fading Environments[J]. IEEE Computer Society, 2009.

[18] 黄奇津. The Principles for RFID Gen2 UHF Reader and Tag. 2012.

[19] PARK J, NA J, KIM M. A Practical Approach for Enhancing Security of EPCglobal RFID Gen2 Tag[C]. Future generation communication and networking, 2007.

[20] NOMAGUCHI H, MIYAJI A, SU C. Evaluation and Improvement of Pseudo-Random Number Generator for EPC Gen2[C]. 2017 IEEE Trustcom/BigDataSE/ICESS, 2017.

[21] COSTA F C d, et al. Impedance measurement of dipole antenna for EPC Global compliant RFID tag[C]. Microwave & Optoelectronics Conference

（IMOC），2013 SBMO/IEEE MTT-S International, 2013.

[22] UKKONEN L, et al. Performance comparison of folded microstrip patch-type tag antenna in the UHF RFID bands within 865-928 MHz using EPC Gen 1 and Gen 2 standards[J]. International Journal of Radio Frequency Identification Technology & Applications, 2007. 1（2）: 187-202.

[23] KIM S C, KIM S K. An enhanced anti-collision algorithm for EPC Gen2 RFID system[C]. the 5th FTRA International Conference on Multimedia and Ubiquitous Engineering, MUE 2011, Crete, Greece, 2011.

第7章

射频识别物联网的网络安全

随着物联网应用的广泛开展，物联网安全成了一个极其重要的问题。广义的物联网安全是包括网络安全、操作系统安全、软件安全、数据库安全、通信安全、应用安全等在内的所有安全问题。而狭义的物联网安全是针对物联网系统特有的安全形式提出的安全方法和策略。物联网已经发展演化为一个传统网络、识别技术、传感网络、无线网络、普适计算和云计算等多个信息行业高度融合的信息产业链。系统高度复杂化、高度开放性和信息量极其巨大对物联网安全提出了新的挑战[1,2]，也是当前物联网研究关注的一个焦点问题。物联网安全领域与安全需求见图 7-1。

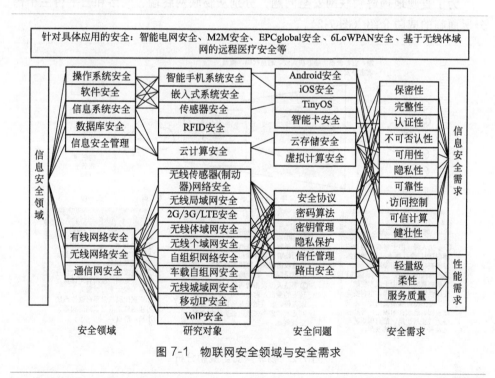

图 7-1 物联网安全领域与安全需求

物联网安全的形势不容乐观。一方面全球物联网市场增长十分迅速，全球互联网设备数量以指数形式增长，万物互联的设想已然成为现实。2017 年物联网设备的联网数量已达到 63 亿，据权威预测，2025 年物联网设备将达到 252 亿。5G 通信、NB-IoT、LoRa 通信技术的发展让如此庞杂的物联网设备进行互联互通成为可能。另一方面物联网安全问题时有发生，而且呈现上升趋势，安全问题所引发的支出不断增加，严重影响和制约着物联网进一步发展。腾讯 2017 年度安全报告显示，全球物联网上半年网络攻击同比增长 280%，2017 年 9 月发现的 8 个安全漏洞能够对全球 5 亿多个物联网设备产生影响，2017 年 10 月 WiFi 设备的重要安全协议 WAP2 曝出了安全漏洞，将对全部的移动终端产生影响[3,4]。

7.1 物联网所面临的安全问题

物联网安全是指保护物联网的软硬件及其系统中的数据不被恶意或者偶然的因素破坏、更改和泄露，保证物联网系统连续可靠工作。它包含一切预防、缓解和解决物联网系统中的安全威胁的技术手段和管理策略。

为了直观地理解物联网安全问题，分别从物联网终端、网络和云平台三个部分所面临的威胁介绍（图 7-2）。

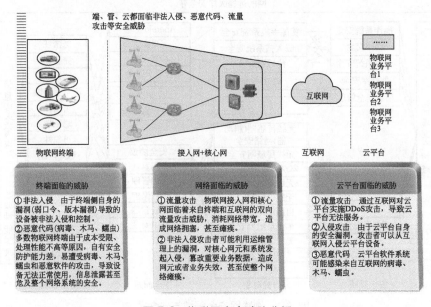

图 7-2　物联网安全威胁分析

（1）物联网终端所面临的安全问题

物联网终端要实现的根本目标是万物互联，决定了物联网终端设备不仅数量极大，而且分布区域很广，多数设备是敷设在室外的，因而管理极其困难。而且终端因造价限制本身的安全认证机制被大幅削弱，物联网终端面临的安全问题比以往任何网络的安全问题都严峻。因为终端自身的弱口令或版本漏洞的存在，终端存在非法入侵和控制的危险。物联网设备同时面临病毒、木马和蠕虫病毒等恶意代码攻击的危险。终端的漏洞甚至会危害整个系统安全，但是鉴于终端的信息处理能力，终端安全防护措施的实施手段是相当有限的。

（2）接入网和核心网所面临的安全问题

物联网的传输层是构建在现有的互联网基础上的，因此现有的互联网攻击手段对物联网仍然是有效的。接入网和核心网仍然面临着来自互联网的攻击威胁，这些威胁会消耗大量的网络带宽，造成网络拥塞甚至瘫痪。非法用户也可以利用网络中的协议或软件漏洞对系统发动攻击，获取口令和篡改数据。

（3）云平台所面临的安全问题

互联网上的云平台依然不能完全避免常规的攻击手段，来自互联网的攻击依然有效，例如，DDoS攻击可以导致云平台业务端口的阻塞，云平台软件依然面临着安全漏洞，攻击者可以利用这些漏洞对云平台展开攻击。同时，互联网所带来的病毒、木马和蠕虫等恶意代码随时会对云平台发起致命的攻击。

物联网安全威胁逐渐显露了几大特性。首先，物联网安全威胁具有必然性，基于物联网系统的复杂性和开放性以及不可预知的人为因素，物联网的安全威胁必然存在。其次，物联网的系统复杂性决定了网络安全质量与投入的资金之间呈现的强关联性、正相关性。再次，物联网的安全呈现相对性，物联网的规模和系统复杂性决定了绝对的安全是很难保证的，全面的防护措施付出的代价是高昂的，因此将安全目标定义为安全可靠的服务，而非整体的防护。最后，随着技术和应用环境的变换，新的物联网安全威胁会不断呈现出来，因此安全具有动态特性。

然而随着物联网应用领域的拓展，物联网不仅被应用到一般的企业环境中，而且在涉及国计民生的一些关键领域也开始推广使用，智能电网、远程医疗以及智能制造、公共安全等领域目前也有了大量应用。而这些领域对物联网的安全要求非常严苛。在物联网的感知层，物联网终端的安全需求可以理解为物理安全、接入安全、运行环境安全、业务数据安全、有效的统一管理。

以下是物联网面临的新威胁及其攻击方法[5~7]：

① 控制系统、车辆甚至人体都可以通过物理感知、执行和控制系统的未经授权访问（包括车辆、SCADA、可植入和非植入式医疗设备、制造生产线和其他物联网的信息物理实现），造成伤害或更严重的后果。

② 医疗服务人员可能根据修改的健康信息或被操纵的传感器数据对患者做

出不正确地诊断和治疗。

③ 入侵者可以通过对电子遥控门锁系统的攻击来获许进入家庭住所或商业机构的办公场地。

④ 对内部总线通信的拒绝服务攻击可能造成车辆失控。关键的安全信息，如输气管线破损的警报，可能因 IoT 传感器遭受 DDoS 攻击而未被察觉。

⑤ 通过重载关键安全特征值或能源供应/温度规则损坏重要基础设施。

⑥ 恶意方可以根据泄露的个人健康信息（PHI）等敏感信息窃取身份和金钱。

⑦ 通过非授权访问车辆、SCADA、植入和非植入设备、制造和其他 IoT 实现装置的物理传感器、执行和控制系统，实现非法使用和操纵控制系统、车辆甚至人体，导致人身伤害甚至更严重的危害。

⑧ 利用基于资产使用时间和时长的使用模式跟踪技术，实现对人员位置的非法跟踪。

⑨ 通过搜集暴露的和允许行为分析的位置数据，对人的行为和活动进行未经授权的跟踪，而这些搜集活动通常在没有明确通知个人的情况下进行。

⑩ 通过小规模物联网设备提供的持续远程监控功能进行非法监控。

⑪ 通过查看网络和地理的跟踪和物联网元数据，创建不恰当的个人资料和分类。

⑫ 通过未经授权的 POS 和 mPOS 访问操纵金融交易。停止提供服务可能造成钱财损失。

⑬ 缺乏物理安全控制会使部署在偏远地区的物联网资产容易遭到盗窃或破坏。

⑭ 通过利用嵌入式设备（如汽车、房屋、医疗嵌入设备）软件和固件更新操作，能够在未经授权的情况下访问 IoT 边界设备并操控数据。

⑮ 通过入侵物联网边界设备并利用信任关系，在未经授权的情况下访问企业网络。

⑯ 通过入侵大量的物联网边界设备来创建僵尸网络。

⑰ 通过入侵基于软件的信任存储设备中存储的密钥资料能够仿冒 IoT 设备。

⑱ 基于物联网供应链安全问题的未知设备入侵行为。

7.2 端管云架构下的安全机制

端管云物联网架构下的安全机制分为感知层的终端安全、网络传输层的网络安全、应用处理层的云端安全三个层次[8]。

7.2.1　终端感知层的安全

物联网网关分为轻型网关和复杂终端两类，轻型网关功能单一，物理用途单一，成本很低，如射频识别终端、ZigBee单元。而复杂终端为多功能、可运行多个应用的终端。如网络互联设备、智能家电、工业控制器、以及智能汽车检测设备等。终端感知层的安全内容涉及各个方面：

（1）物理安全

物理安全是当今物联网系统安全非常急需也是相当丰富的部分，涉及设备防盗、防水和防电磁干扰。物联网终端设备分布广泛，因此管理十分困难。

（2）接入安全

由于物联网的终端管理困难，所以接入安全也变得异常重要，终端的异常分析、过滤和加密通信为终端设备到核心网之间的信息加上了一道安全墙。

对于终端设备来说，射频识别的安全通信仍然是一个十分棘手的问题，虽然有很多新的射频识别安全通信技术被提出，但电子标签极其简单的电路无法保证通信安全。无线通信接入协议本身存在安全问题，WiFi存在DDoS攻击，而且安全认证协议被证明是非常脆弱的，蓝牙允许不同设备使用相同密钥，伪装入侵非常容易。ZigBee通信明文传输的概率极大，非常容易被攻击。

接入安全需要对现有的接入协议和接入机制重新进行规划。终端设备从弱安全过渡到轻量级的认证机制以及分布式认证和区块链技术，可作为物联网接入中选用的新的安全机制。

（3）运行环境安全

运行环境安全包括终端的系统缺陷、操作系统安全、软件安全以及防恶意代码。系统缺陷可称为系统漏洞，是指应用软件、操作系统或者系统硬件在逻辑设计上的缺陷或错误。操作系统安全主要是针对物联网设备中的操作系统安全配置或者功能缺失，物联网设备需要一个新的方法来执行固件、软件和补丁的版本管理和及时更新，依靠程序的云推送技术能够有效地对系统软件或应用软件进行管理和升级。恶意代码是指木马或病毒软件对信息系统的破坏。

系统安全的隐患主要针对外部网络攻击以及非授权和非法认证访问。外部网络对系统攻击方法很多，例如，采用大量TCP链接占用系统通信端口资源的TCP洪水攻击（TCP flood）；将回复地址设置成受害网络的广播地址的ICMP应答请求（Ping）数据包，以淹没受害主机，导致该网络的所有主机都对此ICMP应答请求做出答复，使网络阻塞的Smurf攻击；通过大量互联网流量对目标服务器进行流量攻击、正常服务或流量却无法完成的DDoS攻击，DDoS通常采用多个感染计算机构成的僵尸网络作为攻击流量来实现攻击的有效性；利用欺骗性的电子邮件或伪造的 Web 站点来进行网络欺骗，被钓鱼的对象会泄露自己重要的私密数据的钓鱼攻击。非授权和认证访问，指攻击者使用未经授权的 IP 地址来使用网上资源或隐匿身份进行非法破坏活动。攻击方法主要是利用系统漏洞获得主机系统的控制权。一旦获取控制权后可清除记录和留下后门。

由于 IoT 设备是硬件、操作系统、固件和软件的集合，边缘的设备与其他设备和系统互联互通，从而交织成一个相关的网络。但边缘 IoT 设备安全处理能力很弱，安全开发就成了物联网工程师必须考虑的技术，对于物联网设备应进行安全测试，甚至考虑建立完备的安全测试实验室。考虑 IoT 设备在所有的层次上可能暴露出来的安全问题和安全漏洞，注意强化底层的操作系统，减少硬件特有的漏洞，也包括使用代码分析工具来分析代码漏洞，对软件进行渗透测试，以尽量避免系统漏洞。开放式 Web 应用程序安全项目（Open Web Application Security Project，OWASP）组织以及国内的华为、腾讯等公司都致力于安全开发指导工作。其中 OWASP 就提出了 IoT 设备开发应避免的前十名的安全问题。

Top1　弱密码、可猜测密码或硬编码密码。

使用轻易可遭暴力破解的、可公开获取的或无法更改的凭证，包括固件或客户端软件中存在允许对已部署系统进行未经授权访问的后门。

Top2　不安全的网络服务。

设备本身运行的不必要的或不安全的网络服务，尤其是暴露在互联网的，攻陷信息机密性、完整性、真实性、可用性或允许未授权远程控制的服务。

Top3　不安全的生态接口。

设备外生态系统中不安全的 web、后端 API、云或移动接口，导致设备或相关组件遭攻陷。常见的问题包括缺乏认证/授权、缺乏加密或弱加密以及缺乏输入和输出过滤。

Top4　缺乏安全的更新机制。

缺乏安全更新设备的能力，包括缺乏对设备固件的验证、缺乏不安全的交付（未加密的传输）、缺乏反回滚机制以及缺乏对更新的安全变更的通知。

Top5　使用不安全或已遭弃用的组件。

使用已遭弃用的或不安全的易导致设备遭攻陷的软件组件/库，包括操作系统平台的不安全定制以及使用来自受损供应链的第三方软件或硬件组件。

Top6　隐私保护不充分。

不安全地、不当地或未经授权使用存储在设备或生态系统中的用户个人信息。

Top7　不安全的数据传输和存储。

对生态系统中任何位置的敏感数据缺乏加密或访问控制，包括未使用时、传输过程中或处理过程中的敏感数据。

Top8　缺乏设备管理。

缺乏对生产过程中的设备的安全支持部署，包括资产管理、更新管理、安全解除、系统监控和响应能力。

Top9　不安全的默认设置。

设备或系统的默认设置不安全，或缺乏通过限制操作者修改配置的方式让系统更加安全的能力。

Top10　缺乏物理加固措施。

缺乏物理加固措施，导致潜在攻击者能够获取敏感信息以便后续进行远程攻击或对设备进行本地控制。

(4) 业务数据安全

物联网业务数据安全需要创建企业数据安全策略，这个策略在任务明确的那一刻就开始了，通过识别数据元对数据进行分类，并考虑设备或程序的属性。对设备或应用程序的属性跟数据元的类别进行匹配管理，也就是设定设备或程序调用数据的权限。数据安全还包括设备发送、接收或者存储过程，同时也包括固有的物理世界数据安全，这些固有的物理器件所对应的数据表面上看似乎是毫不相干的，也看不出敏感性或私密性，但是在合适的条件下，将会变得很有价值。

对物联网建立数据所有权的策略应包括数据存储安全、数据传输安全、数据处理安全、数据泄露安全、数据完整性和聚合安全[9]。

① 数据存储安全指针对物联网设备数量庞大、种类繁多、成网复杂的特点，数据元可能需要更加可靠的加密手段。现有的许多物联网应用程序只对数据元存储进行了加密，但是在程序运行过程中并没有进行数据加密。对物联网来说，在软件的生命周期内使用密钥加密这些数据和参数是非常必要的。加密密钥在设备内应放置于加密模块中，采用物理加固的方式进行安全存储。对所有的敏感数据和应用数据以及密钥、身份验证、访问控制等都尽可能加密存储，防止设备被盗或遗失时敏感信息泄露。

② 数据传输安全是指在发送或接收数据时，要尽可能包含加密保护、完整性检查和身份认证算法，并由专门的芯片来执行。除非物联网设备中预先设置了对称密钥，否则设备控制和数据收集系统尽可能地建立一次性或有限使用次数的密钥来加密设备的数据。一个完全的或静态的相互认可的数字证书有助于解决此类问题。

③ 数据处理安全是建立在物联网边缘设备的一个可信代码执行环境。受信的执行环境提供了可在各种处理器上使用的功能。基于 ARM 设备可以利用信任域（TrustZone）类似的技术。该技术是 ARM 针对消费电子设备设计的一种硬件架构，其目的是构建一个安全框架来抵御各种可能的攻击。它将片上系统的硬

件和软件资源虚拟出安全和非安全两个世界，所有需要保密的操作在安全世界执行，这些保密操作一般包括指纹识别、密码处理、数据加密解密和安全认证等，其余操作在非安全世界执行，如用户操作系统和各种应用程序等，见图 7-3。

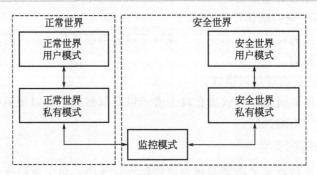

图 7-3　在 ARM 上虚拟的两个世界

④ 数据泄露保护。在规划和执行物联网部署时应该考虑数据泄露的问题，预防数据泄露对物联网本身来说至关重要。数据泄露保护保证敏感数据不会在限定的用户群或网络之外泄露。对于适当的数据泄露，保护数据元素标记是一个关键的策略，并使用安全策略强化终端、XML 卫士、单向二极管和其他设备过滤和监管敏感数据的后续转移。

⑤ 数据聚合保护和策略。物联网设备产生大量的数据，这些数据集在各种数据分析系统中很有用。数据聚合时确保不违反用户或系统的隐私规则。

图 7-4 所示为端管云协同的智能安全态势感知防护安全需求。

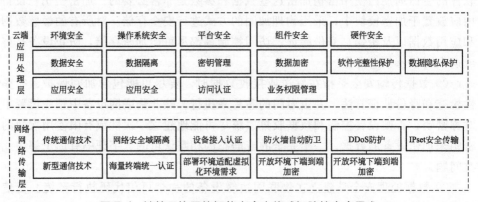

图 7-4　端管云协同的智能安全态势感知防护安全需求

在很多安全要求较高的工业领域，如电力、供水等涉及国计民生的领域，终端感知层设备的物理层安全是一个强制要求的项目。对进入关键任务的设备和设备的访问权限及作用区域进行严格控制，因为任意一个安全违规都可能导致灾难性后果。与软件系统一样，物理身份认证和访问管理措施应该设立，保证只有授权人员可以进入安全访问的区域，这些区域包括数据中心、服务器、工作场所以及其他关键设备区域。可以采用物理钥匙的授权分发机制，在核心区域加入全面监控也是一项必须考虑的技术，并且在条件允许的情况下，开发基于 GIS 的物联网资产管理系统，定期对资产进行巡检，能够更有效地管理设备。室外环境的围栏也可以考虑在内，但应考虑造价。对暴露在外的物理设备要考虑加装防篡改外壳和一次性标签，并考虑篡改证据记录和篡改告警响应机制。考虑为设备添加嵌入的防篡改模块和加密模块。固定的设备贴上告警牌和标语，防止未经许可对设备进行拆除破坏。

定期对设备的固件进行升级更新和安全修补，在更新文件的来源上进行把控，确保安装到设备的文件的来源安全以及文件的完整性。完整性校验一般采用哈希校验法，在设备执行代码之前要进行软件测试，用正确数据和错误数据对设备进行全面测试，尽可能找到存在的缺陷。对设备必须进行定期测试，确保设备正常运行。

另外，更改网络设备的默认密码，执行强密码策略，限制网关收集、存储或汇总数据的范围，都是非常良好的安全策略，方法简单。但实际上这些环节是实践中最容易出问题的环节。

在很多重要的物联网应用领域，为了防止攻击者发送未经授权的无线通信命令对设备进行重新编程，或注入拒绝服务攻击、关闭电源等破坏性程序或指令，可以考虑设备的抗干扰装置，能够主动探测和干扰攻击者建立未经授权的无线链路。

7.2.2 网络安全

物联网通过通信网络进行信息的获取、传递和处理。所依赖的网络就是现有的 Internet 或蜂窝网络，而且随着设备逐渐演化，自身又有了新的接入方式，如窄带物联网网络、无线自组织网络等。涉及的网络通信种类繁多，网络协议自然是多样化的。物联网网络所面临的威胁更为复杂，网络漏洞更多。

物联网面临的网络安全威胁概括起来有以下四个方面[10]。

① 无线通信传输具有很大的安全漏洞 物联网采用了大量的无线通信，而且多数通信协议为了使节点的造价降低使用了简化的通信方案，这使无线通信系统的安全性能大大降低。另外，无线网络通信暴露在自由空间中，本身固有通信脆弱性。如空中接口的安全性一直是一个难题。

② 传输网络容易阻塞　物联网中节点数量极其庞大，而且多以集群形式存在，网络带宽很容易被大量业务占用，因此，一旦收到类似拒绝服务之类的攻击，很容易造成网络阻塞、瘫痪。

③ 非法接入和访问网络资源　节点配置对安全的要求不一样，物联网并没有统一的安全标准，所以很多节点更容易被操控，一旦被利用，将成为网络的整体突破口，可以获取口令或用户信息、配置信息和路由信息等。

④ 网络管理十分困难　短信、数据、语音、视频等通信业务复杂多样，对通信业务的管控依赖于独立的管控设备，但随着物联网设备规模不断增加，业务组合的多样性也在增加，管控的成本指数增加，因此物联网呈现了管控成本急剧上升的趋势。

防火墙是基于类型、端口和目的地过滤流量的。防火墙已经发展到通过更深层次的分析，如 IPS 和流量检测服务，能够深入到数据包更好地检测恶意流量。这样的设备是实施分层防御最容易的起点之一[11]。

经常扫描防火墙和路由器的开放端口。开放端口可以称得上是黑客的邀请函。检查路由器是否错误地配置了 NAT-端口映射协议（NAT-PMP）服务。NAT-PMP 是一个没有内置的认证机制的协议，并且信任所有属于路由器局域网络的主机，从而允许它们自由地"冲"出防火墙。错误配置路由器 NAT-PMP 服务是 OWASP 10 大物联网威胁之一[12]。

使用网络访问控制来统一终端安全技术，如防病毒和主机入侵防御。防病毒产品通过诸如文件签名比较来保护计算机免受恶意软件破坏。

定期执行漏洞评估，以确保用户和系统对网络的认证符合组织的安全策略。包括强密码策略、密码管理和定期更改密码。

在路由器和网关等网络设备中禁用"Guest"和默认密码。这应该在打开一个新的网络设备后立即完成，然后才将设备接入到网络中。

为每个设备记录所有 MAC 地址，并且使路由器只对这些设备分配 IP 地址。所有未知设备将被阻止访问网络。

对于无线网络，使用无线保护访问 2（WPA2）代替无线加密协议（WEP）。WPA2 使用更强大的无线加密，始终在无线网络中使用强复杂密码策略。

对无线网络，使用多个服务集标识符（SSID），而不是只使用一个 SSID。这允许网络管理员为每个 SSID 分配不同的策略和功能，并基于风险和关键性将设备分配到不同的 SSID。以这种方式分割无线网络，如果一个设备被黑客攻击，其他设备在不同的分段将不会受到损害。

使用专用的预共享密钥（PPSK）确保每个传感器或设备能安全地连接到 WiFi。管理员可以为网络上的每个用户和客户端分配唯一的可撤销密钥。这些密钥定义分配给与该密钥连接的设备的权限。许多技术公司能够提供这种能力。

越来越多的物联网设备将它们的数据存储在云中进行分析，通过加密和其他手段适当地保护这些数据。

7.2.3 云端安全

由于云计算不必购置硬件，可以通过定制和定义的方法获得应用软件，因此云计算在灵活性、弹性和经济性方面有巨大的优势，可以为企业节省资金，减少因软硬件管理问题而出现不必要的业务停止，同时云计算也为企业的网络安全提供了额外的收益。越来越多的企业认识到云计算带来的好处。物联网技术因业务量的问题，应用层采用云计算技术成为了最优的选择。然而关于云端安全的问题，自云计算产生之日就相伴而生了，云安全问题目前呈现了愈演愈烈的趋势。

云安全联盟主要以云计算的 NIST 模型和 ISO/IEC 模型为参考，制定云计算模型如图 7-5 所示。

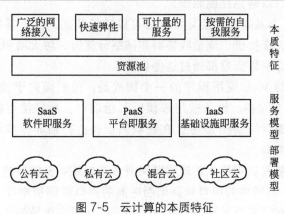

图 7-5 云计算的本质特征

物联网并不需要一套全新的对任何传统应用层上的指导原则都适用的应用安全准则。

如果某组织正在编写自己的应用程序，应使用适当的身份验证和授权机制。扫描任何遗留在程序里的密码和明码（如在测试中留下的 Telnet 登录密码）。

如果该组织正在使用第三方或开源库，那么建议保留这些库的清单，并保持更新。此外，检查版本和相应的漏洞，以避免使用这些有安全漏洞的版本。确保安全补丁可以应用到第三方或开源库。

检查是否存在跨站脚本（XSS）或跨站请求伪造（CSRF）漏洞。CSRF 可以通过恶意网站、电子邮件、博客攻击、即时消息或程序使浏览器在可信站点上执行危险操作。XSS 攻击允许攻击者向用户查看的 web 页面注入客户端脚本，或绕过访问控制。OWASP 建议使用如 ZED 攻击代理（ZAP）或动态应用安全测试（DAST）工具来进行检查。

物联网部署中发现的任何脆弱问题，都需要供应商提供安全代码审查报告以及相关的修复措施。从静态应用安全测试（SAST）的视角来看，此步骤将作为尽职调查。如果消费者正在开发一个将托管在物联网顶层平台的应用程序，那么静态应用安全测试（SAST）和动态应用安全测试（DAST）必须执行。

应用程序也可以被托管或作为其他组织提供的服务。培训用户在使用服务时需要更改服务的默认密码。

不安全的云接口是 OWASP 物联网十大风险之一。确保使用 HTTPS，超过允许认证重试次数、最大空闲时间时应该强制退出。

在保存数据时使用加密。使用强加密确保传输期间数据的机密性。加入随机散列数据使它更难破解。

传输过程中的数据加密必须要考虑资源受限的设备，因此必须有一个小的覆盖区是轻量级的，以避免性能瓶颈。

"正常"的行为基线化，使异常行为可以被检测到。流量基线的来源可以是防火墙、路由器、交换机、流量收集器和网络分流器。防火墙和路由器是一个理想的起始点，因为网络流量都通过这些设备。

物联网设备的 Web 应用程序的一个挑战是，他们倾向于使用非标准端口，而不是通常的 80 或 443。设备被用来侦听其他端口。最好使用标准端口扫描器来发现特定设备提供的 web 服务。在物联网设备上扫描非标准端口，因为许多端口不使用标准端口。

除了可选的篡改机制外，物理物联网设备接口还需要额外的保护。在大规模部署前，JTAG、不需要的串口和其他制造商的接口应该被删除或篡改。私有或秘密密钥应存储在"安全元件"芯片中，该芯片运行在非易失性存储器中，并限制仅被授权用户访问。

7.3 下一代物联网安全方案

物联网沟通了信息和物理两个不同的世界，沟通是通过广泛采用由传感器和射频识别芯片构成的智慧尘埃。这些智慧尘埃又通过通信技术和云计算结合在一起，这必然会引起深刻的技术革命。也正如之前的构想，物联网发展十分迅速。物联网技术首先从传感的角度出发，带动通信技术和云计算技术迅速发展。但当所有技术进展迅速时，物联网安全问题出现了。物联网期望的万物互联必然要求传感层的器件简单，这样才能更廉价，但是简单的设备意味着协议栈和通信方面安全性能的降低。物联网安全主要解决以下几种类型的安全威胁。

① 系统完整性的破坏　如果系统组件被篡改，系统将无法按照设计运行，植入的恶意软件将对系统产生持续扩散的威胁。

② 系统入侵　攻击者突破边界保护和身份认证机制，利用系统漏洞或者使用其他攻击手段侵入系统。然后攻击者恶意使用系统资源，破坏系统数据或进程，或者窃取重要的系统数据。

③ 恶意滥用权限　用户或进程利用系统漏洞发起越权攻击，利用规则获取未经授权的访问权限，由此产生了特权滥用，对系统安全造成严重威胁。

④ 数据安全的威胁　是指对数据完整性、机密性和可用性以及对隐私信息的威胁。

⑤ 网络服务攻击引起的业务中断　攻击者攻击系统提供的网络服务，导致系统无法正常工作。这些攻击手段有来自互联网的，也有针对物联网出现的新的攻击手段。

目前有很多端管云的安全机制方案被提出，以华为公司的《物联网安全白皮书》提出的"3T＋1M"物联网安全架构安全方案为例说明[12,13]。端管云的物联网架构下的安全应是一个组合协同的概念，只有协同的安全管理系统才能够应对物联网感知层、网络层和应用层的安全威胁。

7.3.1　物联网安全面临的问题

由于物联网终端的资源有限，很容易受到恶意的攻击。被攻击的节点能够通过网络进行扩散，从而导致网络出现大面积的病毒感染。从网络角度上来说，物联网的设备暴露在室外环境，管理十分困难，很难防范网络节点不被注入病毒。物联网网络协议也是比较新颖的通信协议，协议的安全性能有待时间的检验。从云的角度来看，大量的客户数据被托管到云上，数据的价值被进一步提高，数据的安全性需求变得越来越重要。

为应对物联网形势日趋严峻的安全问题，华为提出了"3T＋1M"的安全架构（图 7-6）。其中的 3T 分别为适度的终端防御能力、恶意终端检测和隔离以及平台及数据保护。1M 是指安全运营和管理。

对物联网技术在安全领域内进行多层次审视，可以看出物联网内在的一些安全问题挑战。

① 嵌入式设备　物联网设备大多是小型设备，但也有在较大系统中的应用，例如车联网和智能工业中的设备控制单元往往嵌入了物联网设备。这些设备与核心且关键的器件连接到一起，分布在空间中的各个部件或者设备中。有些设备处于移动状态或者长期暴露于空间中，终端存在被替换或者被植入病毒的风险。

② 终端的差异性　物联网终端本身在用途、形态、硬件能力、数据格式、通信协议等方面存在差别。物联网必须充分考虑终端和服务的多样性及网络通信的异构性，这对物联网安全提出了巨大的挑战。

图 7-6　华为的"3T+ 1M"安全架构

③ 实体分布　物联网系统分布区域是非常广泛的，甚至可以跨越不同的地理区域。不同的位置和地理区域给物联网端到端安全带来了新的挑战，不仅让连接变得不可靠，而且使跨信任边界的管理流程变得更为复杂。

④ 认证和授权　物联网自身安全能力有限，因此物联网应始终采取相互认证的方式来降低篡改之类的风险。在这样的异质且控制松散的系统中，任何一个网络单元都不能通过自身证明身份是真实的，但这种认证显然对设备的性能提出了要求。另外就是物联网系统上的设备为了节能省电，在大多数时间内是处于休眠状态的，处于休眠状态的设备让网络连接变得更加复杂，重新恢复通信意味着设备需要存储额外的状态信息，而避免复杂的验证手段。

⑤ 数据安全　在物联网中，同一数据可能会用在多个场景中，因而基于单一目的来保护数据这种常见做法是不可取的。一些常见的具有严格隐私要求的场合，对于数据关联性（即数据源头、数据处理动作和数据路径）和数据溯源方面有更多的安全需求。例如 GPS 数据可应用于跟踪定位一个人的行动轨迹，这些隐私涉及该人员可能到达某些敏感环境，例如银行、医院等。

⑥ 灵活性　人们憧憬的物联网世界是在万物之间实现自动化和智能化，让万物具有一定的计算能力从而变得聪明起来。但这种愿景并非全部能够规划出来，系统自身就具有演进能力，应用场景必然会生出千万种变化。一个场景的安全漏洞可以影响其他场景应用安全。物联网特定层面的漏洞既可以被纵向的跨协议层利用，又可以被横向的跨相邻系统利用。没有人能够预测攻击者对所有受控的物联网设备下达的指令，因此物联网安全架构的重要设计原则便是划分安全域且多层次的保护。

⑦ 攻击规模　物联网存在多个应用场景之间的联动，一个场景中的安全漏洞可能导致多个场景中的设备受到攻击，因此一旦被攻击，业务受到影响的规模

必然是空前的。

7.3.2 物联网安全架构

针对以上安全威胁，华为提出了"3T＋1M"纵深防御体系架构，该架构涵盖了端管云及平台数据隐私安全保护，同时加上端到端安全管控与运维，多道防线纵深防御。

（1）终端适度的防御能力

针对终端资源（内存、存储和 CPU 计算）受限情况，对终端设备安全进行等级划分，分别提供基础安全和高级安全，例如对工业终端提供 X.509 认证与签名安全，关键业务要具有密钥等更高等级的安全能力。图 7-7 所示为华为提供的具有安全性能的 LiteOS 操作系统架构，该架构可作为终端安全的设计参考。

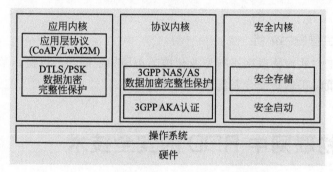

图 7-7 华为 LiteOS 安全操作系统架构

（2）恶意终端检测与隔离

网络管道侧可以防海量终端浪涌式风暴，NB-IoT 场景无线连接遵从 3GPP 相关安全标准提供的鉴权与完整性检查。IoT 网关具有安全传输、协议识别、入侵检测等安全能力及可视化安全分析与管理能力，提供边界物理和虚拟化基础设施安全保护、物联协议识别与过滤、黑白名单。构建原生的安全组件进行网络隔离且相应平台提供恶意终端检测与隔离功能。图 7-8 所示为终端操作系统具有的适度的防攻击能力。

（3）平台与数据保护

云端平台担负数据存储、处理、传输等重要任务。数据安全尤其重要，数据隐私保护、数据生命周期管理、数据的 API 安全授权、用户数据隔离备份都属于数据安全内容。采用云技术中的原生安全与大数据保护技术结合的云平台能够为物联网安全构筑第三道防线。

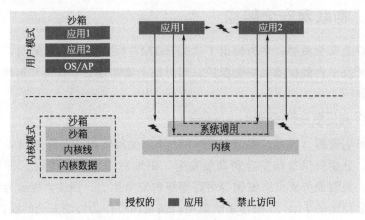

图 7-8　终端操作系统适度的防攻击能力

（4）安全管控与运维

通过人工方式对物联网进行专业化施工指导和定期安全巡检，学习和掌握最佳安全实践策略仍然是安全系统保障的关键一环。

7.4　物联网中 RFID 的安全技术

7.4.1　物联网中 RFID 面临的安全问题

物联网安全技术是一种整体提高物联网安全性策略的综合技术，因为没有一种技术能够独立地确保物联网是安全的，因此需要多个技术叠加起来。

在任何网络安全中都存在攻击和防御的问题，研究防御从研究攻击入手是比较便捷的，攻击往往是简单有效的，然而防御是涉及众多网络安全问题的系统理论。因此，应先从简单的攻击入手说明物联网存在的问题。

物联网相较于 Internet、ZigBee、移动通信等网络是很脆弱的。物联网中的任何器件都可能成为攻击的目标。关于 RFID 已经有很多攻击方法，如零售行业标签复制攻击。对于任意的零售行业，黑客可以通过随身携带的读写器对电子标签的内容进行修改，或者直接使用一个带静电屏蔽的东西（例如一个带金属镀膜的塑料袋）可以很方便地对基于 RFID 物联网的自动支付系统进行欺骗。当将电子标签内的金额由 200 元修改成 2 元时，可以骗过自动支付系统。

再如对门禁卡片的复制。现有的门禁都是基于 ID 卡的，只有一个代表身份的证号，是不加密的，因此，黑客可以很容易地实现在一个空白的卡上复制。

密钥破解，这是真正需要理论和技术的，通过系统的某些漏洞可以得到密钥。很多时候这种密钥的获取并不困难，例如，很多厂家不按照规范操作，不修改初始密码，但这些初始密码是公开的。

射频操控又称为空中攻击，利用射频分析工具可以很容易实现射频信号的捕获、伪造，并对系统发起攻击。简单的例子就是被称为拒绝服务的攻击，互联网上也有很多关于拒绝攻击的例子。

物联网中可以被攻击的目标从攻击范围的角度可以大体分为完整系统攻击和对部件的攻击（图 7-9），一般完整系统攻击的目标是摧毁整个商业，而对于部件的攻击往往集中在非法获取某个商品上。

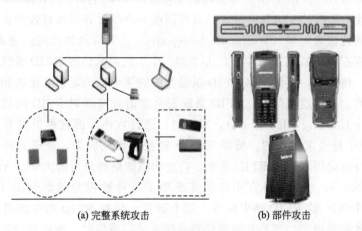

(a) 完整系统攻击　　　　　(b) 部件攻击

图 7-9　RFID 物联网攻击范围

7.4.2　物联网 RFID 中潜在的攻击目标

在分析一些潜在的攻击之前，有必要确定一些潜在的攻击目标。潜在的攻击目标可能是一个完整的 RFID 系统（如果攻击者的攻击目的是想破坏整个商业），也可能是 RFID 系统的某一部分（从零售库存数据库到实际的零售商品）。

对那些从事信息系统技术安全工作的人来说，在 RFID 安全评估和项目实施过程中，一般只注重数据的保护。但是值得说明的是，某些实物资产比实际数据更重要，比如企业可能会遭受重大损失而数据并未受到任何影响。

首先来看零售行业方面的一个实例。RFID 安全攻击者只需伪造 RFID 电子标签就可以导致在收款时系统获取的某件商品的价格由 200 美元减少到 19.95 美元，这家超市损失的货值约为零售价的 90％，但系统库存数据没有受到任何影响。数据库没有受到直接攻击，数据库中的数据没有任何更改或删除，但是，部分 RFID 系统被伪造已经导致系统欺骗。

很多场合采用 RFID 卡片来进行门禁控制，这种 RFID 卡片称为非接触近距离卡。如果卡片被复制了，而基础数据没有更改，任何人只要出示该复制卡，就能得到和持卡人一样的待遇和特权，能够进行门禁控制操作。

人们在迎接一项新技术到来的同时，往往会忽略其安全问题。对于某项技术来讲，安全问题往往被摆在次要位置。RFID 技术已经在相当广泛的领域得到了应用，但是对于 RFID 系统的安全却没有或者只给予很少的关注。

RFID 虽然是一项较新的应用技术，但是某些 RFID 应用系统已经暴露出了较大的安全隐患。例如，埃克森石油公司（ExxonMobil）的速结卡（Speed-Pass）系统和 RFID POS 系统就被约翰霍普金斯大学（Johns Hopkins University）进行教学实践的一组学生攻破，其原因就是系统没有采取有效的安全保护手段。以色列魏兹曼大学（Weizmann University）的计算机教授阿迪夏米尔（Adi Shamir）宣布他能够利用一个极化天线和一个示波器来监控 RFID 系统电磁波的能量水平。他指出，可以根据 RFID 场强波瓣的变化来确定系统接收和发送加密数据的时间。根据这些信息，RFID 系统安全攻击者可以对 RFID 的散列加密算法（Secure Hashing Algorithm 1，SHA-1）进行攻击，而这种散列算法在某些 RFID 系统中是经常使用的。按照 Shamir 教授的研究成果，普通的蜂窝电话就可能危害特定应用场合的 RFID 系统。荷兰的阿姆斯特丹自由大学（Amsterdam Free University）的一个研究小组研究成功了一种被称为概念验证（Proof Of Concept，POC）的 RFID 蠕虫病毒。这个研究小组在 RFID 芯片的可写内存内注入了这种病毒程序，当芯片被阅读器唤醒并进行通信时，病毒通过芯片最后到达后台数据库，而感染了病毒的后台数据库又可以感染更多的标签。这个研究课题采用了 SQL、缓冲区溢位攻击等常用的服务器攻击方法。

由于 RFID 系统是基于电磁波基础的一种应用技术，因此总是存在潜在的无意识的信号侦听者。即使 RFID 系统的电磁波场强很小，电磁波传输的距离也是系统设计的最大阅读距离的很多倍。例如，在拉斯维加斯举办的第 13 次国际安全（DefCon 13 Security Convention）会议的演示试验中，试验人员在距离 RFID 阅读器 69 英尺（1 英尺＝30.48 厘米）远的地方接收到了阅读器的电磁波信号，而这个演示系统的最大设计阅读距离不超过 10 英尺。

此外，电磁波的传播没有固定的方向。电磁波可能会被某些物质反射，也可能会被另外一些物质吸收。这种不确定性可能会使系统的阅读距离远远大于预期的水平，也可能会对信号的正常接收产生影响。

在系统设计的距离之外可以触发 RFID 标签对系统拒绝服务，从而产生系统拒绝服务攻击。在这种情况下，电磁信号由于携带大量的数据信息，往往会造成数据堵塞。在数据堵塞的情形下，杂波信号往往会造成频率拥堵。数据堵塞在现代 RFID 系统中仍然是一种具有很强的破坏性的系统安全攻击方式。

7.4.3 攻击方法

为了确定 RFID 系统攻击的类型，必须了解 RFID 系统潜在的攻击目标，这有助于确定 RFID 系统安全攻击的性质。

某些人攻击 RFID 系统的目的可能只是偷东西，而另外某些人的目的则是为了阻止单独的店铺或者连锁店的销售业务顺利进行。一些攻击者很可能是使用伪造的信息去替代后台数据库中的数据而导致系统瘫痪。某些攻击者只是想获得对系统真正的控制权而对数据没有任何兴趣。对任何考虑 RFID 系统安全的人来说，弄清楚资产是如何保护的以及它们是如何成为安全攻击的目标的是非常重要的。

正如 RFID 系统是由几个基本部分组成的一样，RFID 系统攻击也有几种不同的方法。每一种 RFID 系统安全攻击方法都指向 RFID 系统的某一部分。这些系统攻击方法包括空中攻击（On-the-air Attacks）、篡改电子标签数据（Manipulating Data on the Tag）、伪造中间件数据（Manipulating Middleware Data）、攻击后台数据（Attacking the Data at the Backend）。下面简要讨论一些攻击方法。

（1）空中攻击

攻击 RFID 系统最简单的方法之一是阻止阅读器对标签进行探测和阅读。大多数金属能够屏蔽射频信号，因此要对付 RFID 系统，只需要将物品用铝箔包裹或者把它放进有金属涂层的塑料袋中就可以避免电子标签被读取。

从 RFID 空中攻击的角度来看，标签和阅读器可以看作是一个实体。尽管它们的工作方式相反，但实质上都是系统的同一射频单元部分的两个不同的侧面。

从标签和阅读器的空中接口进行攻击的技术方法目前主要有欺骗、插入、重播以及拒绝服务（Denial of Service，DOS）。

① 欺骗 欺骗攻击是系统攻击者向系统提供和有效信息极其相似的虚假信息以供系统接收。具有代表性的欺骗攻击有域名欺骗、IP 欺骗、MAC（Media Access Code）欺骗。在 RFID 系统中，当需要得到有效的数据时，经常使用的欺骗方法是在空中广播一个错误的产品电子代码（EPC）。

② 插入。插入攻击是在通常输入数据的地方插入系统命令。这种安全攻击方法攻击成功的原因是假定数据都是通过特殊路径输入，没有无效数据的发生。插入攻击常见于网站上，一段恶意代码被插入到网站的应用程序中。这种安全攻

击的一个典型的应用是在数据库中插入 SQL 语句。同样的攻击方式也能够应用到 RFID 系统中。在标签的数据存储区中保存一个系统指令而不是有效数据，比如产品电子代码。

③ 重播。在重播攻击中，有效的 RFID 信号被中途截取并且把其中的数据保存下来，这些数据随后被发送给阅读器并不断地被重播。由于数据是真实有效的，所以系统对这些数据就会以正常接收的方式来处理。

④ 拒绝服务攻击。拒绝服务攻击也称为淹没攻击，当数据量超过其处理能力而导致信号淹没时发生拒绝服务攻击。因为曾经有人利用这种系统攻击方法对微软和雅虎的系统成功地进行过攻击而使其深受影响，因而使这种系统攻击方法被大家熟知。这种攻击方法在 RFID 领域的变种就是众所周知的射频阻塞，当射频信号被噪声信号淹没时就会发生射频阻塞。还有另外一种情况，结果也是非常相似的：就是使系统丧失正确处理输入数据的能力。这两种 RFID 系统攻击方法都能使 RFID 系统失效。

(2) 篡改标签数据

我们已经了解了那些企图偷盗单一商品的人是如何阻止射频系统工作的。然而，对于想偷盗多种商品的人来说，更为有效的方法就是修改贴在商品上的标签的数据。依据标签的性质，价格、库存号以及其他任何数据都可以被修改。通过更改价格，小偷可以获得巨大的折扣，但是系统仍然显示为正常的购买行为。对标签数据的修改还可以使顾客购买诸如 X-或 R-类等限制购买的影视制品。

当标签数据被修改的商品通过自助收银通道时，没有人会发现数据已经被修改了。只有库存清单才能够显示某一商品的库存和通过结算系统的销售记录不相符。

2004 年，卢卡斯·格林沃德（Lukas Grunwald）演示了他编写的一个名叫 RF 垃圾（RF Dump）的程序。该程序是用 Java 语言编写的，能够在装有 Debian Linux 或 Windows XP 的 PC 机上运行。该程序通过连接在电脑串口上的 ACG 牌的 RFID 阅读器扫描 RFID 标签。当阅读器识别到一张卡时，该程序将卡上的数据添入到电子表格中，使用者可以输入或修改电子表格中的数据然后重新写入 RFID 标签中。该程序通过添加零或者适当截断数据确保写入数据的长度符合标签要求。

另外，出现了一个可以应用在掌上电脑（如 Hewlett-Packard iPAQ Pocket）上的名叫 PDA RF 垃圾（RF Dump-PDA）的程序。该程序用 Perl 语言编写，能够运行在装有 Linux 系统的移动 PC 机上。应用一个带有 RF Dump-PDA 程序的 PDA，小偷可以毫不费力地更改商店商品标签上的数据。

Grunwald 也演示了对应用相同的基于 EPC 的 RFID 系统的德国莱茵伯格（Rheinberg）城市未来商店的攻击。未来商店被设计成为工作中的超级市场和动态技术展示商店，该商店由德国最大的零售商 Metro AG 拥有和经营。

(3) 中间件攻击

中间件攻击发生在阅读器到后台数据处理系统的任何一个环节，首先来考虑埃克森美孚公司的快易通系统中间件攻击的场景。顾客的快易通 RFID 标签由安装在空中的阅读器激活，该阅读器与油泵或者收款机相连，阅读器和标签握手并将加密的序列号读出来。

阅读器和油泵与加油站的数据网络相连，该数据网络乂和位十加油站的甚小口径天线终端的卫星信号发射机相连。甚小口径天线终端的发射机将该序列号发送给卫星，该卫星又将该序列号中继给卫星地面站。卫星地面站将该序列号发送给埃克森美孚公司的数据中心，数据中心验证该序列号并确认与账号相连的信用卡的授权。授权信息通过相反的路径发送给泵。收款机或油泵收到该授权信息后才允许顾客加油。

在上述环节的任何一处，系统都有可能受到外部的攻击。但是这种攻击需要非常复杂的发射系统，对卫星系统的攻击可以追溯到二十世纪八十年代。然而，上述场景中最薄弱的环节可能还是本地网络。系统攻击者可以相对容易地在本地网络中窃取有效数据，并用来进行重播攻击，或者将该数据重新输入到本地网络，从而导致拒绝服务攻击，破坏加油站的支付系统。这种设备也能够用于非授权的信号发射。

另一种可能性是技术比较娴熟的人员在得到在该系统服务的一份工作后而对中间件采取的攻击。这些人为了有机会接触该目标系统，可以接受较低的薪金待遇。一旦他们得到了接触目标的机会，就会发生一些所谓的社会工程（Social Engineering）攻击。另一个中间件攻击的地方是卫星地面站和储存快易通序列号的数据中心节点。数据中心和信用卡连接的节点也是中间数据易受攻击的地方。

(4) 后台攻击

无论是从数据传输的角度还是从物理距离的角度来讲，后台数据库都是距离 RFID 标签最远的节点，这似乎能够远离那些对 RFID 系统的攻击。但是，必须指明的是它仍然是系统攻击的目标之一，正如威利萨顿（Willy Sutton）所说，因为它是整个系统"钱所在的地方"。

如果数据库包含顾客信用卡序列号方面的信息，那就变得非常有价值了。一个数据库可能保存有诸如销售报告或贸易机密等有价值的信息，这些信息对于竞争对手来讲可以说是无价之宝。数据库受到攻击的公司可能会面临失去顾客信任以致最终失去市场的危险，除非他们的数据库系统具有较强的容错能力或者能够快速恢复。很多报纸和杂志曾经报道过许多商店因为与内部 IT 系统相关的失误而导致客户对它们信任度下降从而遭受巨大损失的事例。

篡改数据库也可能会造成实际的损失而不仅是失去顾客的购买能力。例如，更改医院的病历系统可能会造成病人的死亡，或者更改病人数据库中病人的数据也可能带来致命的危险。假如该病人需要输血，而其血型中的字母被修改了，这样，就会使该病人步入死亡的边缘，医院必须经过多次核对信息的准确性来应付这种问题的发生。但是，这种多次核对并不能完全阻止因数据被篡改而导致的事故发生，只能是降低风险。

（5）混合攻击

攻击者可以综合应用各种攻击手段来对系统进行混合攻击。可以采用对RFID系统的各种攻击手段来对付某单个的子系统。但是，随着那些攻击RFID系统的攻击者的技术水平的提高，他们可能会采取混合攻击的方法来对RFID系统进行混合性攻击。一个攻击者可能用带有病毒的标签攻击零售商的射频接口，该病毒就有可能由此进入中间件体系，最终使后台系统把信用卡账号通过匿名服务器发向一个秘密网络，从而造成顾客和企业的损失。

7.4.4 电子标签的数据安全技术

ISO/IEC18000标准定义了读写器与标签之间的双向通信协议，其基本通信模型如图7-10所示。

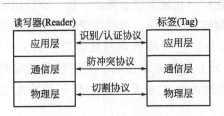

图 7-10　RFID 系统的通信模型

① 应用层。包括认证、识别以及应用层数据的表示、处理逻辑等，它用于解决和最上层应用直接相关的内容。通常情况下，我们所说的RFID安全协议就是指应用层协议，RFID安全协议都属于应用层范畴。

② 通信层。定义了RFID读写器和标签之间的通信方式。防冲突协议就位于该层，解决多个标签同时和一个读写器通信的冲突问题。

③ 物理层。定义了物理的空中接口，包括频率、物理载波、数据编码、分时等问题。

RFID系统的标签设备具有一些局限性，例如有限的存储空间，有限的计算能力（RFID标签的存储空间极其有限，最便宜的标签是只有64～128bit的ROM，仅可容纳唯一标识符），外形很小，电源供给有限等。所有这些局限性和特点都对RFID系统安全机制的设计有特殊的要求，当然也就使设计者对密码机制的选择受到非常多限制。所以，设计高效、安全、低成本的RFID安全协议成为了一个新的具有挑战性的问题。目前针对上述问题以及安全需求，实现 RFID 安全性机制所采用的方法主要有物理安全机制和密码安全机制两种。

（1）物理安全机制

使用物理方法来保护 RFID 系统安全性的方法主要有如下几类：灭活命令机制、静电屏蔽、主动干扰等。这些方法主要用于一些低成本的标签中，之所以如此主要是因为这类标签有严格的成本限制，因此难以采用复杂的密码机制来实现与标签读写器之间的安全通信。但是，这些物埋方法需要增加额外的物理设备或元件，也就相当于增加了一定的成本，而且带来了设计上的不便。

（2）基于密码技术的安全机制

由于物理安全机制存在诸多的问题和缺点，因此在最近的 RFID 安全协议研究中提出了许多基于密码技术的认证协议，而基于 Hash 函数的 RFID 安全协议的设计更是备受关注。RFID 安全协议属于前面章节介绍的 RFID 通信模型的最上层应用层协议，本章重点介绍的现有安全协议属于这一层。无论是从安全需求还是从低成本的 RFID 标签的硬件执行为出发点（块大小 64bits 的 Hash 函数单元只需大约 1700 个门电路即可实现），Hash 函数都是非常适合 RFID 安全认证协议的。

EPC 系统跟其他的任何网络系统一样都会受到安全攻击，而且由于 EPC 网络中分布着大量的加密级别较轻甚至没有加密保护措施的电子标签，因此更容易遭受攻击。EPC RFID 系统的应用正在接受来自系统安全的严峻考验。

参考文献

［1］ DVM M F, ORIMA H. EFFECT AND SAFETY OF MEGLUMINE IOTROXATE FOR CHOLANGIOCYSTOGRAPHY IN NORMAL CATS[J]. Veterinary Radiology & Ultrasound, 2005. 35（2）: 79-82.

［2］ ATLAM H F, WILLS G B. IoT Security, Privacy[J], Safety and Ethics. 2019.

［3］ ZHAO J. A Security Architecture for Cloud Computing Alliance［J］. Recent Advances in Electrical & Electronic En-gineering, 2017, 10（3）.

［4］ Arun Kumar Bediya, Rajendra Kumar. A Layer-wise Security Analysis for Internet of Things Network: Challenges and Coun-termeasures［J］. International journal of management, IT& engineering, 2019, 9（6）: 118-133.

［5］ LEE Y, PARK Y, KIM D. Security Threats Analysis and Considerations for Internet of Things[C]. 2015 8th international conference on security technology, 2016.

[6]　MAGRANI E, MAGRANI E. Threats of the internet of things in a techno-regulated society: a new legal challenge of the information revolution[J]. The ORBIT journal, 2017. 47（3）: 124-138.

[7]　ZIEGLER S, et al. Privacy and Security Threats on the Internet of Things[M]. springer, 2019.

[8]　YANG G, et al. Security threats and measures for the Internet of Things[J]. Journal of Tsinghua University, 2011. 51（10）: 1335-1340.

[9]　TANG C, YANG N. A Monitoring and Control System of Agricultural Environmental Data Based on the Internet of Things[J]. Journal of Computational and Theoretical Nanoscience, 2016.

[10]　ZHONG D, et al. A Practical Application Combining Wireless Sensor Networks and Internet of Things: Safety Management System for Tower Crane Groups[J]. Sensors. 14（8）: 13794-13814.

[11]　谭军. OWASP 发布十大 Web 应用安全风险[J]. 计算机与网络, 2017（23）: 52-53.

[12]　朱常波, 张曼君, 马铮. 物联网安全体系思考与探讨[J]. 邮电设计技术, 2019（1）.

[13]　张曼君, 等. 物联网安全技术架构及应用研究[J]. 信息技术与网络安全. 38（02）: 8-11.

第8章

射频识别网络技术

物联网信息通信技术将是信息传递的革命，从人到人，从人到物，从物到物。智能设备可以连接、传输信息并做出决定。它可以随时随地连接，包括人与物、物与物之间的连接。物联网环境包括大量智能设备，数据是高度异构的，同时有许多限制。数据产生的突发性和稀疏性、通信协议的多样性、信息存储能力、功率寿命和无线电范围都是限制因素。因此，不同于以往的通信，物联网通信技术有着特殊的要求。

物联网的通信环境有 Ethernet、WiFi、RFID、NFC（近距离无线通信）、ZigBee、6LoWPAN（IPv6 低速无线版本）、Bluetooth、GSM、GPRS、GPS、4G/5G 等网络，而每一种通信应用协议都有一定适用范围。AMQP、JMS、REST/HTTP 工作在以太网，COAP 协议是专门为资源受限设备开发的协议，DDS 和MQTT 的兼容性则强很多。物联网架构在现有的众多网络之上，通信协议纷纭复杂，从各个协议的层次上分析物联网通信是非常费时费力的。另外，按照功能进行划分也容易引起混乱。

随着物联网部署，物联网的接入网络向着低功耗和长距离传输的方向发展，NB-IoT[1~3]（已被 5G 通信标准收入）和 LoRa 通信[4] 脱颖而出。鉴于发展趋势的影响，本章将重点介绍 5G 通信中的 NB-IoT 技术和 LoRa 通信。

8.1 5G 通信

5G 通信是第 5 代移动通信标准，是一个具有大带宽、低延迟和宽范围业务覆盖特性的网络。5G 通信使用 BDMA（Beam division multiple access）[5,6] 技术和毫米波通信技术，能够提供的速率在 10～100Gbps 之间。

近年来，互联网技术的发展对人类社会产生了巨大影响，人类社会的信息化进入新的高潮。在信息化驱动下，各种技术促使互联网的带宽有了长足的发展。对带宽有更大需求的应用开始产生，物联网、虚拟现实、自动驾驶、智慧城市、工业互联网等新的应用被推到人们的视野中。人们对通信提出了新要求。第五代通信技术应运而生，以应对未来社会全面和深入的信息化，提供全连接服务。近年来，5G 通信从技术之争、标准之争逐渐演化为国家层次上核心利益之争，这足以表明 5G 通信的重要性。从目前的技术成熟度和市场占比预期来讲，中国华为公司、德国西门子公司为业界的领头羊。

8.1.1　5G 通信的应用

目前各个国家提供了很多 5G 方案，但对 5G 通信仍然很难给出统一的定义。5G 通信相较于现有的通信具有三个明显的特征：大带宽、满足海量机器类通信、超高可靠低时延，能从根本上解决全面信息化社会对网络速度、连接数量和连接密度以及峰值速率和低延时、高可靠性的要求。

具备以上三个特征的 5G 通信将完全满足 GBPS 通信、智能家居、语音、智慧城市、3D 和超高清视频、云办公和游戏、增强现实、工业自动化、高可靠应用（如移动医疗）、自动驾驶等方面的应用，5G 应用的三大场景如图 8-1 所示。

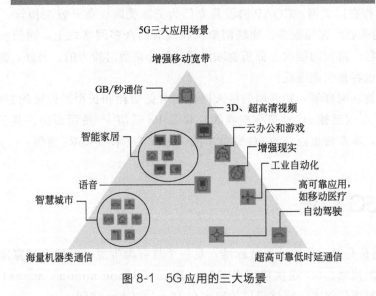

图 8-1　5G 应用的三大场景

5G 通信有八大关键能力指标，如图 8-2 所示。峰值速率达到 10Gbps，频谱效率比 IMT-A 提升 3 倍，移动性达 500km/h，连接密度达到 10^6 个/平方千米，能效比 IMT-A 提升 100 倍，流量密度达 10Mbps/m^2。其中前四个是传统指标，后四个为新增指标。

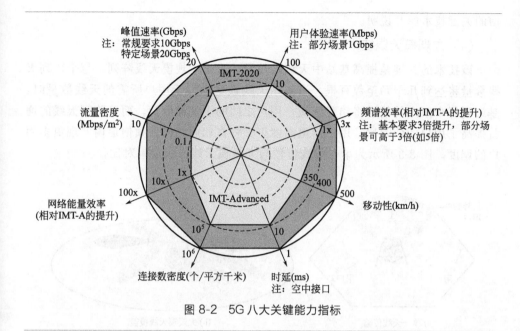

图 8-2　5G 八大关键能力指标

由于关键指标多元化，相对 4G 的单一场景，5G 能够支持 eMBB（增强移动宽带）、mMTC（海量机器通信）、uRLLC（低时延高可靠通信）三大场景。这使 5G 能够满足 VR、超高清视频等极致体验，支持海量的物联网设备接入，满足车联网与工业控制的严苛要求。

与现有的 4G 通信进行对比，5G 带宽在 4G 的基础上提高 10 倍以上；通过引入新的体系结构，如超密集小区结构和深度的智能化能力将整个系统的吞吐率提高 25 倍左右；进一步挖掘新的频率资源（如高频段、毫米波与可见光等），使未来无线移动通信的频率资源扩展 4 倍左右；5G 技术相比 4G 技术，其峰值速率将增长数十倍，从 4G 的 10Mbps 提高到几十 Gbps。因此，相较于 4G 通信，5G 通信具有更高的时间分辨率、巨大的带宽、更高的数据速率和更高的服务质量（Quality of Service，QoS）[7]。

8.1.2　5G 通信的关键技术

从技术方面来说，5G 通信绝不是某一项技术的突破，而是信息领域各个方面技术的突破，并进行了有效融合、演化和创新。其技术特征表现为：大规模天线阵列、新型多址接入、全双工和灵活双工工作模式、增强多载波技术以及先进的编码调制技术。在以上技术的驱动下，5G 网络将具备超密集组网、低时延高可靠性、高频通信和频谱共享以及满足 M2M 和 D2D 通信的特点。下面对 5G 通信的关键技术展开说明。

(1) 大规模天线技术

该技术的关键是提高基站中天线的数量,采用大规模天线阵列,每个阵列天线数量将达到几十乃至数百根。当基站天线数量远大于用户所需的天线数量时,基站到每个用户的信道将趋于正交,用户之间的干扰被取消,而且阵列天线的增益提高了用户的信噪比。用户信道高度正交将在相同的时、频信道内实现更多用户的调度。图8-3所示为单一天线传输与大规模天线技术效果对比。

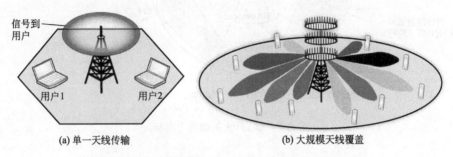

(a) 单一天线传输　　　　　　　　　　(b) 大规模天线覆盖

图 8-3　单一天线输出与大规模天线覆盖技术效果对比

用户信道问题本身是建立在统计基础上的,当天线阵列的数量达到一定程度,可调用的信道数量就趋于稳定。例如,某个基站配置了 400 根天线,在 20MHz 带宽的同频复用时分系统中,每个小区用 MU-MIMO 方式服务 42 个用户时,即使小区间无协作,而且接收和发送采用简单的 MRC/MRT 通信方式,小区的平均容量也可高达 1800Mbps,通过大规模用户使用,系统容量和能量效率大幅度提升。不仅如此,阵列天线因为有更大的天线增益,所以上行和下行能量都将减少。面向 5G 应用的天线系统传输原理如图 8-4 所示,大规模天线系统架构如图 8-5 所示。

大规模天线的本质在于:大量天线为相对少的用户提供同时传输服务。与传统的 4G 天线相比,系统容量提高 10 倍,能量效率提高 100 倍,但发生功率降低到 $\dfrac{1}{\sqrt{M}}$,其中的 M 是天线的数量。大规模天线是公认的 5G 关键技术之一。

(2) 新双工技术与灵活双工技术

区别于以往的双工技术,这里的全双工通信是指上下链路同频且同时,这样做的一个重要目的就是实现自干扰抑制。图 8-6 所示为同时同频全双工技术的系统模型,同时同频全双工技术是指设备的发射机和接收机占用相同的频率资源同时进行工作,使通信双方上、下行可以在相同时间使用相同的频率,突破了现有的频分双工（FDD）和时分双工（TDD）模式，是通信节点实现双向通信的关键之一。采用同时同频全双工无线系统，所有同时同频发射节点对非目标接收节点都是干扰源，同时同频发射机的发射信号会对本地接收机产生强自干扰，因此同时同频全双工系统的应用关键在于干扰的有效消除。

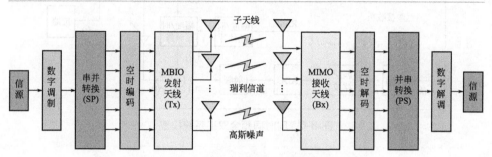

图 8-4　面向 5G 应用的天线系统的传输原理

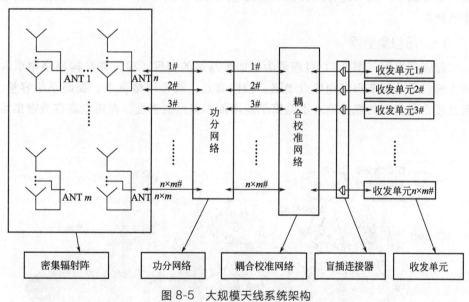

图 8-5　大规模天线系统架构

　　灵活双工的基本工作原理是：随着在线视频业务的增加以及社交网络的推广，未来移动流量呈现出多变特性，上下行业务需求随时间、地点而变化，目前通信系统采用的相对固定的频谱资源分配将无法满足不同小区变化的业务需求。灵活双工能够根据上下行业务变化情况动态分配上下行资源，有效提高系统资源利用率。

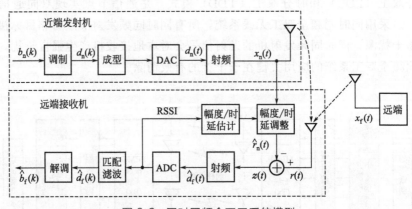

图 8-6　同时同频全双工系统模型

同时同频全双工释放了收发控制的自由度，改变了网络频谱使用的传统模式，会带来用户的多址方式、无线资源管理等技术的革新，需要匹配高效的网络体系架构。

（3）超密集组网

超密集组网（图 8-7）可理解为增加小基站的密度，通过在异构网络中引入超大规模低功率节点实现热点增强，消除盲点，改善网络覆盖，提高系统容量。但是超密集组网的概念绝对不是简单地增加小基站的密度。在热点高容量密集场

图 8-7　超密集组网

景下，电磁环境十分复杂，相互干扰增强且变化迅速。基站的超密集组网可以在一定程度上提高系统的频谱效率，并通过快速资源调度实现快速无线资源调配，提高系统无线资源利用率和频谱效率，但同时也带来了许多问题。

① 系统干扰问题。在复杂、异构、密集场景下，高密度的无线接入站点共存可能带来严重的系统干扰问题，甚至导致系统频谱效率恶化。

② 移动信令负荷加剧。随着无线接入站点间距进一步减小，小区间切换将更加频繁，会使信令消耗量大幅度激增，用户业务服务质量下降。

③ 系统成本与能耗。为了有效应对热点区域内高系统吞吐量和用户体验速率要求，需要引入大量密集无线接入节点、丰富的频率资源及新型接入技术，需要兼顾系统部署运营成本和能源消耗，尽量使其维持在与传统移动网络相当的水平。

④ 低功率基站即插即用。为了实现低功率小基站的快速灵活部署，要求具备小基站即插即用能力，具体包括自主回传、自动配置和管理等功能。

(4) 低延时高可靠物联网设计

为满足移动互联网和物联网的应用场景，5G 无线网对时延和可靠性提出了新的要求。低时延网络不是单一同构网络，而是在统一网络架构下，针对移动互联网和移动物联网不同场景的特性部署的多元化网络。低时延网络包括蜂窝网和分布式动态网络，分布式网络相比传统蜂窝网具有明显优势。低延时网络设计的目标已经被提出，端端通信的时延控制在 ms 级，以满足物联网对信息的实时性要求。实现信息的可靠性应高达 99.999%，并实现永远在线。这种低时延和高可靠性物联网，在多种工业环境中有重要应用，如实时云计算、增强现实、在线游戏、远程医疗领域，智能交通和智能电网以及其他紧急通信领域对信息的实时性和可靠性有着特殊的要求。

低时延高可靠是满足 5G 用户极致业务体验和应对新兴业务需求的一个技术体系。低时延高可靠技术思路在于尽可能降低空口和网络侧时延，同时以先进技术提升单次传输可靠性，以满足极高的时延和可靠性要求。5G 网络具有多样性，低时延高可靠技术在统一架构下，针对不同时延可靠性需求场景，可以有不同的组网和传输方案设计。可以从四个方面对 5G 网络进行设计和优化：①重新设计网络架构；②新的空中接口设计；③新的高层信令过程设计；④新的接入过程和方法设计。5G 通信将从采用短帧信息、优化流程和灵活本地网络架构三个方面提高信息的实时性和可靠性。

1) D2D 通信技术　D2D 技术可在基站的帮助下或无须借助基站的帮助就能实现通信终端之间的直接通信，拓展网络连接和接入方式。由于是短距离直接通信，信道质量高，D2D 能够实现较高的数据速率、较低的时延和较低的功耗；通过广泛分布的终端，能够改善覆盖，实现频谱资源的高效利用；支持更灵活的网络架构和连接方法，提升链路灵活性和网络可靠性。

日前，D2D 采用广播、组播和单播技术方案，未来将发展其增强技术，包括基于 D2D 的中继技术、多天线技术和联合编码技术等。蜂窝网中的 D2D 通信示意图如图 8-8 所示。

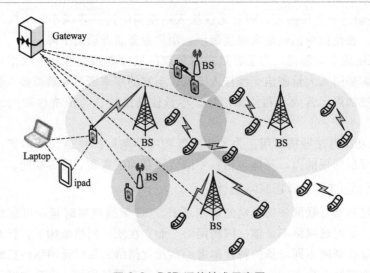

图 8-8　D2D 通信技术示意图

现有的网络完全控制的结构，不能有效地发挥端到端通信的灵活性，同时会产生大量的信道、信令开销。而端端通信的真正优势在于短距离通信，频谱空间可被重复利用，功耗小，产生的噪声对通信影响较小，组网灵活等。只有把网络完全控制方式变为网络辅助自主方式，才能将这些优势发挥出来，从而节省网络资源，并提供短时延、高可靠通信。

2）分布式动态网络　低时延网络不仅是对传统蜂窝网络的改造，而且也是对动态自组织网络的重新规划。分布式动态网络（图 8-9）具有如下特点：

① 基于蜂窝网控制或使用蜂窝网资源；

② 具有区域自主性，包括控制、管理和传输功能本地化；

③ 区域内灵活自组织、自管理；

④ 网络功能和角色、网络拓扑动态配置（如控制中心功能位置的灵活化等）。

（5）认知无线电（Cognitive Radio，CR）与高频段信号

1）认知无线电　统计发现，为现有的通信分配的频率空间，即 5GHz 以下频段，并没有想象的那么高。国家无线电检测中心和全球移动通信系统协会对北

京、深圳、成都等城市部分无线电频谱占用进行统计，发现 5GHz 使用率远远低于 10%，说明已经分配使用的电磁频率利用率很低，还有很大的提升空间。为了能够充分利用这些频段，人们提出了认知无线电技术。它可以通过学习、理解等方式自适应地调整内部的通信机理、实时改变特定的无线操作参数（如功率、载波调制和编码等）来适应外部无线环境，自主寻找和使用空闲频谱。它能帮助用户选择最好的、最适合的服务进行无线传输，甚至能够根据现有的或即将获得的无线资源延迟主动发起传送。认知无线电具有以下特点：

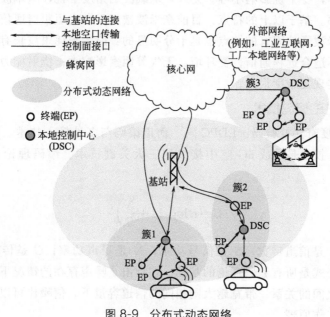

图 8-9 分布式动态网络

① 对环境的感知能力　此特点是 CR 技术成立的前提，只有在环境感知和检测的基础上，才能使用频谱资源。频谱感知的主要功能是监测一定范围的频段，检测频谱空洞。

② 对环境变化的学习能力、自适应性　此特点体现了 CR 技术的智能性，在遇到主用户信号时，能尽快主动退避，在频谱空洞间自由切换。

③ 通信质量的高可靠性　要求系统能够实现任何时间任何地点的高度可靠通信，能够准确地判定主用户信号出现的时间、地点、频段等信息，及时调整自身参数，提高通信质量。

④ 系统功能模块的可重构性　CR 设备可根据频谱环境动态编程，也可通过硬件设计，支持不同的收发技术。可以重构的参数包括工作频率、调制方式、发射功率和通信协议等。

2）高频段信号　增加频谱资源最直接的方法就是充分利用高频段的频谱，6GHz 以上的频谱资源丰富，随着技术的发展，从微波高频段到米波范围内的电磁波（频率在 6～60GHz）已经被逐渐开发和利用。这些波段应用基本上是空白的，所以充分利用高频段增加频谱资源成了 5G 通信的重要特征。这里要说的是对高频段的利用，频谱分配原则是优先保障移动通信的频谱资源。

毫米波指频率为 30～300GHz、波长为 1～10mm 的电磁波，毫米波通信具有很多优势：可用频带很宽，可提供几十 GHz 带宽；波束集中能够充分提高能效；方向性好，受干扰影响小等。另外，从载波的角度上说，毫米波能够提供更高的传输速率。基于以上的特点，目前毫米波被用于室内短距离通信。

但是毫米波通信固有的缺点也是十分明显的：路径损耗跟波长有关，路径损耗大，因此不适合远程通信；受环境、天气等因素影响大；绕射能力差；毫米波通信的硬件实现复杂度很高。

（6）先进的编码技术

1）低密度奇偶校验码—LDPC 码　信道编码与多址接入技术、多输入多输出（MIMO）技术是构成 5G 空中接口的三大关键技术。编码理论由香农公式决定：

$$C = B\log_2\left(1 + \frac{N}{S}\right) \tag{8-1}$$

式中，B 是信道带宽；S 是信号功率；N 是噪声功率；C 是传输速率或信道容量。该公式是所有编码理论的基础。它指出了噪声存在的情况下，数据传输速率与带宽之间的关系。带宽越大则相同的信道容量下，信噪比可以越小，这是扩频通信的工作原理。

低密度奇偶校验码（Low-density parity-check code，LDPC 码），是线性分组码（linear block code）的一种，是由 MIT 的教授 Robert Gallager 1962 年提出的。低密度奇偶校验码是基于具有稀疏矩阵性质的奇偶校验矩阵建构的。对 (n, k) 的低密度奇偶校验码而言，每 k 比特数据会使用 n 比特的码字编码。图 8-10 是一个被（16，8）的低密度奇偶校验码使用的奇偶校验矩阵 H。矩阵内的元素 1 数量远少于元素 0 数量，所以具有稀疏矩阵性质，也就是低密度的由来。

低密度奇偶校验码的解码可对应成二分图。图 8-11 所示的二分图是依照上述奇偶校验矩阵 H 建置，其中 H 的行对应 check node，而 H 的列对应 bit node。check node 和 bit node 之间的连接，由 H 内的元素 1 决定；H 中第一行和第一列的元素 1，使 check node 和 bit node 两者各自左边的第一个彼此连接[8]。

$$H=\begin{bmatrix} 1 & 1 & 1 & 1 & 0 & 0 & 0 & 0 & 0 & 0 & 0 & 0 & 0 & 0 & 0 & 0 \\ 0 & 0 & 0 & 0 & 1 & 1 & 1 & 1 & 0 & 0 & 0 & 0 & 0 & 0 & 0 & 0 \\ 0 & 0 & 0 & 0 & 0 & 0 & 0 & 0 & 1 & 1 & 1 & 1 & 0 & 0 & 0 & 0 \\ 0 & 0 & 0 & 0 & 0 & 0 & 0 & 0 & 0 & 0 & 0 & 0 & 1 & 1 & 1 & 1 \\ 1 & 0 & 0 & 0 & 1 & 0 & 0 & 0 & 1 & 0 & 0 & 1 & 0 & 0 & 0 & 0 \\ 0 & 1 & 0 & 0 & 1 & 0 & 0 & 0 & 0 & 0 & 1 & 0 & 0 & 1 & 0 & 0 \\ 0 & 0 & 1 & 0 & 0 & 1 & 0 & 0 & 1 & 0 & 0 & 0 & 0 & 0 & 0 & 1 \\ 0 & 0 & 0 & 1 & 0 & 0 & 1 & 0 & 0 & 1 & 0 & 0 & 1 & 0 & 0 & 0 \end{bmatrix}$$

图 8-10 奇偶校验矩阵

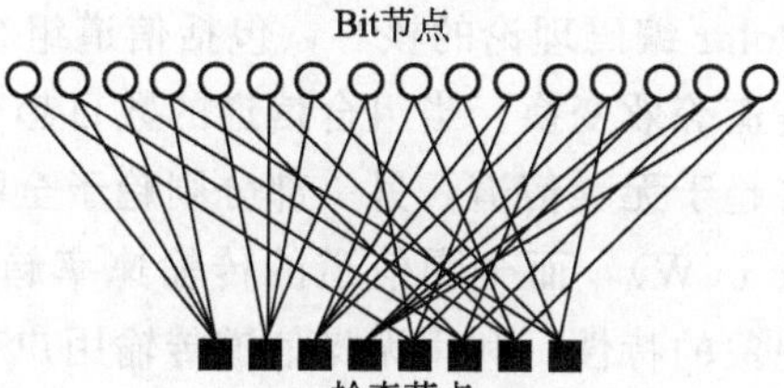

Bit节点

检查节点

图 8-11 二分图

低密度奇偶校验码的解码算法主要基于有迭代性的置信传播，整个解码流程如图 8-12 所示。

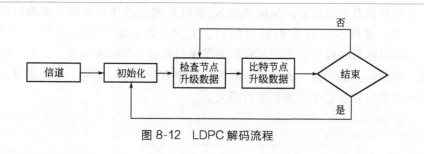

图 8-12 LDPC 解码流程

解码算法：

① 当接收数据 R 从通信频道进入低密度奇偶校验码的解码器时，解码器会初始化消息。

② 检查节点对互相连接的多个比特节点内的数据做更新运算。

③ 比特节点对相连接的多个检查节点内的数据做更新运算。

④ 终止条件决定是否继续迭代计算。

通常 LDPC 码有两类，一类是随机码，它由计算机搜索得到，优点是具有灵活的结构和良好的性能。但是，通常长的随机码生成矩阵没有明显的特征，因而编码复杂度高。另一类是结构码，它通过几何、代数和组合设计等方法构造。随机方法构造 LDPC 码的典型代表有 Gallager 和 Mackay，用随机方法构造的 LDPC 码的码字参数灵活，具有良好性能，但编码复杂度与码长的平方成正比。后来提出的采用几何、图论、实验设计、置换方法设计的 LDPC 编码，极大地降低了编码的复杂度，使编码复杂度与码长接近线性关系。

2）极化码（Polar 码）　　Polar 码是由土耳其比尔肯大学教授 E. Arikan 在 2007 年提出的，2009 年开始引起通信领域的关注。Polar 码是一种新的信道编码方案，是基于信道极化理论提出的一种线性分组码。理论上，它在低译码复杂度下能够达到信道容量且无错误平层，而且当码长 N 增大时，其优势更加明显。

信道极化理论是 Polar 编码理论的核心，包括信道组合和信道分解。信道极化过程本质上是一种信道等效变换。当组合信道的数目趋于无穷大时，会出现极化现象：一部分信道将趋于无噪信道，另一部分则趋于全噪信道。无噪信道的传输速率将达到信道容量 $I(W)$，而全噪信道的传输速率趋于零。Polar 码的编码策略正是应用了这种现象的特性，利用无噪信道传输用户有用的信息，全噪信道传输约定的信息或者不传信息[9]。

3）Turbo 码　　Turbo 码是由法国科学家 C. Berrou 和 A. Glavieux 发明的。1993 年，通信领域开始对其研究。随后，Turbo 码被 3G 和 4G 标准采纳，开始了长达十几年的统治[10]。

Turbo 码由两个二元卷积码并行级联而成。Turbo 编译码器采用流水线结构，其编译码基本思想是：采用软输入/软输出的迭代译码算法，编码时将短码构成长码，译码时再将长码转为短码。Turbo 码的编码原理如图 8-13 所示。Turbo 编码器的结构包括两个并联的相同递归系统卷积码编码器，二者之间用一个交织器分隔。编码器Ⅰ直接对信源的信息序列分组进行编码，编码器Ⅱ为经过交织器交织后的信息序列分组进行编码。

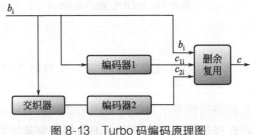

图 8-13　Turbo 码编码原理图

编码的全过程是：信息位一路直接进入复接器，另一路经两个编码器后得到两个信息冗余序列，再经恰当组合，在信息位后通过信道。为使编码器初始状态置于全零状态，需在信息序列后添加尾信息（未必全是 0）；但由于交织器的存在，编码器 II 在数据块结束时不能回到零状态（要使两个编码器同步置零，必须设计合适的交织器）。

（7）灵活的频谱共享技术

为了充分利用频谱，采用不同系统共享特定频谱。改变以往的固定分配频谱资源的方法，而是按需动态利用频谱，采用授权共享、非授权共享和机会式使用频谱。其技术的关键是采用无线环境检测技术，实现动态分配频率。

无线资源管理（Radio Resource Management，RRM）[11~13] 的目标是在有限带宽的条件下，为网络内无线用户终端提供业务质量保障，其基本出发点是在网络话务量分布不均匀、信道特性因信道衰弱和干扰而起伏变化等情况下，灵活分配和动态调整无线传输部分和网络的可用资源，最大程度地提高无线频谱利用率，防止网络拥塞和保持尽可能小的信令负荷。无线资源管理（RRM）的研究内容主要包括功率控制、信道分配、调度、切换、接入控制、负载控制、端到端的 QoS 和自适应编码调制等。

8.2 MQTT 协议

物联网的初衷是实现万物互联，而实现这一目标的根本在于为物品添加智能芯片，即所谓的智能尘埃，但是如此庞杂的智能芯片实现互联互通，仅仅依靠现有的互联网通信是不可能实现的。究其原因在于现有的互联网建立在 TCP/IP 通信协议之下，这种协议不仅对智能芯片的存储空间有较高的要求，而且会使网络通信产生大量的冗余信息，其 IP 资源也将很快消耗殆尽。即使采用 IPv6 也无法满足物联网的需求。在物联网应用驱动下，为实现万物互联的智慧地球，IBM 在 1999 年提出了遥信消息队列传输（Message Queuing Telemetry Transport，MQTT）[14,15] 协议。它是在 TCP 网络通信基础上的发布订阅协议，是为那些具有很小的内存空间的设备和网络带宽很小的不可靠设备通信而专门设计的网络通信协议，特别适合物联网包括工业物联网和 M2M（Machine to Machine）互联应用。MQTT 中存在着三种角色，分别是订阅者（Subscribe）、消息代理服务器（Broker）和发布者（Publisher）。MQTT 的网络层结构如图 8-14 所示。

MQTT 是一种发布订阅协议，它可实现由代理进行的一对多通信。客户机可以将消息发布到代理和/或订阅代理并接收某些消息。消息是按主题组织的，这些主题本质上是"标签"，充当向订户发送消息的系统。图 8-15 所示为 MQTT 高级交互模型，图 8-16 所示为 MQTT 的发布订阅流程图。

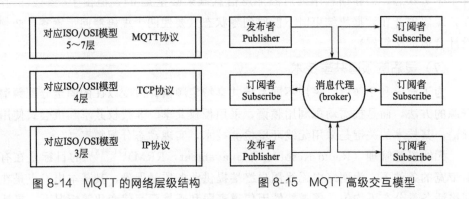

图 8-14　MQTT 的网络层级结构　　　图 8-15　MQTT 高级交互模型

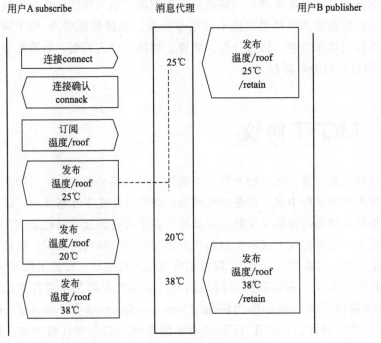

图 8-16　MQTT 发布订阅流程图

MQTT 的工作原理用温度订阅和发布来说明。客户端 A 连接到消息代理（message broker），并订阅温度消息，消息代理返回确认的消息，此时的客户端 A 称为订阅者。客户端 B 发布消息，温度为 25℃，此时的客户端 B 称为发布者，而客户 A 订阅了温度消息，于是消息代理就把该温度消息推送给客户端 A。客户端 A 发布了温度为 20℃，但是由于客户端 B 并没有订阅该消息，所以就不为 B 推送该温度。消息代理的主要职责是接收发布者发布的所有消息，并将其过滤后分发给不同的消息订阅者。消息代理可以是服务器或是一段寄生在计算能力较强的设备上的程序。

消息是 MQTT 传输的主要载体，消息包括主题（Topic）和负载（Payload），主题可以认为是消息的类型，负载可以理解为消息内容。MQTT 协议自动构建网络传输，建立客户端到消息代理服务器的链接，为两者之间建立有序的、无损的、基于字节流的双向传输，并且在传输消息时实现服务质量和主题的关联。

MQTT 的客户端可以理解为使用 MQTT 协议的应用程序或实际设备。MQTT 总是认为客户端的计算能力很弱，所以其功能总是限定在最小功能上，从不附加可有可无的功能。在此基础上，客户端能够订阅或者发布消息，能够订阅其他客户端发布的消息，能够退订和删除消息，能够断开与服务器的连接。

消息代理实际上就是 MQTT 服务器，它被用于消息过滤、发布和订阅。一般物联网应用，客户端的数量是极其庞大的，因而必须具有强大的数据处理能力。首先它能够接收客户端的网络连接，接收客户发布应用消息，处理订阅和退订请求，向订阅的客户分发定制的消息。

MQTT 协议是为计算能力有限且工作在低带宽、不可靠的网络的节点而设计的协议，小型传输，开销很小（固定长度的头部是 2 字节），协议交换最小化，以降低网络流量。它使用遗言（Last Will）和遗嘱（Testament）特性通知有关各方客户端异常中断的机制。遗言机制，用于通知同一主题下的其他设备发送遗言的设备已经断开了连接。遗嘱机制，功能类似于遗言机制。实际编程时，遗言和遗嘱通常跟保留信息一起使用。

MQTT 支持以下三种 QoS 等级[16]：

① QoS 0 等级　消息最多发送一次，消息发布完全依赖底层的 TCP/IP 协议下的网络，分发的消息存在丢失或重复发送的现象。这种情况适合对数据要求不是很严格的或者变换缓慢的场景，如环境温度传感器、光照度、湿度等数据采集领域。一次数据错误或者丢失数据并不会带来大麻烦，因为间隔很短的时间会有第二次发送。

② QoS 1 等级　至少一次发送，该等级确保消息可以到达接收端，但不保证消息是否存在重复发送的问题。

③ QoS 2 等级　确保消息正确到达一次，这一级别可用于工业物联网或者计费系统等对消息要求比较高的场景。

8.3 NB-IoT 和 LoRa 长距离通信

8.3.1 NB-IoT 通信

NB-IoT（Narrow Band Internet of Things）2014 年由华为、Vodafone、Quanlcomm（高通）等公司倡议发起，2015 年开始标准化工作，在 2016 年底到 2017 年实现商用化。NB-IoT 主要解决面向大规模部署的物联网设备之间的互联问题。其设计的特点是：能够实现超大规模连接数量、低功耗、长距离（几十千米的设计目标）、低时延、低成本和高强度的信号覆盖。可以实现小区内使用 200kHz 带宽连接 50000 个终端，每 2h 发送一次消息，电池具有 10 年工作寿命，模块成本小于 5 美元（预计到 2020 年成本进一步降低为 2～3 美元），上行报告时延小于 10s，设计信号路径损耗为 160dB，比 GPRS 通信信号强 20dB，能够达到几十千米的增强信号覆盖。NB-IoT 是介于 4G 和 5G 通信之间的一个长距离物联网解决方案。在 5G 通信一片火热的今天，其设计的方法和思路仍然有助于理解此类通信的方式。

（1）长距离、增强覆盖的技术实现

首先，它采用窄带通信，信号在相同的发射功率下获得的功率谱增益更大，从图 8-17 可看出谱密度变窄，相同功率可以得到更高的功率谱密度，从而降低了接收机灵敏度的要求。让接收机变得更加简单，造价低廉。

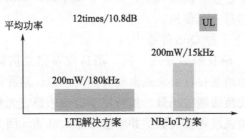

图 8-17　采用窄带通信后功率谱密度的增益

其次，重传机制也是保证传输过程中获得高增益的一种手段。从图 8-18 可看出同一信号被重传了多次。NB-IoT 最大支持下行的重传次数为 2048 次，上行重传次数限定为 128 次。重传可以获取增益的公式可以表示为：

$$RG = 10\lg(RT) \tag{8-2}$$

式中，RG 为重传增益（Repetition Gain）；RT 为重传次数（Repetition Times）。当重传次数为 2 时，可以计算出其增益为 3dB。

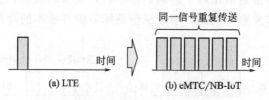

图 8-18　采用信号的重复传输获得增益

（2）低成本的实现方法

海量敷设的设备对成本有着极高的要求。NB-IoT 也不例外，无线通信设备降低成本的关键在于采用大规模集成技术，并尽量使计算或存储电路简单化，尽量使射频前端的电路简单化，并采用简化的通信协议。

首先，NB-IoT 采用简单的协议栈来降低协议栈开销，它舍弃了长期演进（Long Term Evolution，LTE）物理层的上行共享信道（Physical Uplink Control Channel，PUCCH），物理混合自动重传请求、指示信道（Physical Hybrid ARQ Indicator Channel，PHICH）等设备，而且其他层也有了不同程度的简化，如图 8-19 所示。

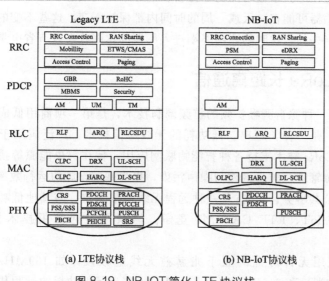

图 8-19　NB-IOT 简化 LTE 协议栈

其次，减少不必要的硬件也是降低成本的一个办法，采用 HD-FDD 半双工模式(图 8-20)，FDD 是上行和下行在频率上分开，半双工设计则是需要一个切换器去改变发送和接收模式，相比于全双工模式，成本更低廉，并且可以降低电池能耗。另外，窄带通信相对于扩频通信来说，设备的复杂程度大大降低，而且窄带通信电路技术成熟，因此，窄带通信意味着硬件成本的降低。

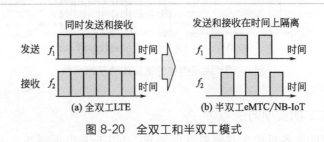

图 8-20　全双工和半双工模式

（3）低能耗的技术实现

NB-IoT 工作于室外环境，供电是一个关键问题。既要实现长距离通信，又要降低功耗，这个看似矛盾的问题是怎样解决的？NB-IoT 采用了由空闲状态进入到休眠状态（Power Saving Mode，PSM）的方式。处于休眠状态的设备耗电量极低，它们不需要监听网络，也不需要完成任何的任务。其他设备与该设备进行通信首先要唤醒该设备。物联网设备，如传感设备或 RFID 设备，有一个很明显的特征就是在绝大多数时间内，设备长期处于空闲状态，没有实际的数据。例如，湿度传感器可能在一天或一周的时间内都保持不变，这些不变的数据往往是不需要发送出去的，这时物联网终端进入所谓的休眠状态以节省电量。

8.3.2　LoRa 长距离通信

LoRa 是一种源自啁啾扩频的扩频调制技术，是第一项商用低成本实现啁啾扩频的技术，是一种长距离、低功耗的无线通信技术，广泛应用于全球物联网（IoT）中。LoRa 技术支持各种智能物联网应用，旨在解决能源等挑战，能够有效地进行资源管理，减少电磁与噪声污染，提高基础设施的运行效率，并应用于防灾等重大公共事务。LoRa 是一种远程无线通信协议，与其他低功耗广域网无线通信、NB-IoT、LTE CAT M1 竞争。物联网组网常用技术标准的参数见表 8-1。

LoRa 使用无许可证的亚千兆赫兹无线电频段，如 169MHz、433MHz、868MHz（欧洲）和 915MHz（北美）。LoRa 实现了低功耗的远程传输（空旷地区超过 10km）。该技术分为 LoRa 物理层和 LoRa（远程广域网）上层。2018 年 1 月，新的 LoRa 芯片组发布，与老一代相比，其功耗降低，传输功率增加，尺寸减小。LoRa 设备具有地理定位功能，用于通过网关的时间戳对设备位置进行三角定位。LoRa 和 LoRa Wan 允许不同行业的物联网设备进行远程连接。

越来越多的无线电技术使低功率无线通信在过去的几年中出现了远距离、超窄带技术，如 Sigfox、LoRa 等允许最多几公里的通信，并建立了不需要建造和维护的低功率广域网复杂的多跳拓扑。这些新收发器的目标应用程序中有数千个设备用于大地理区域收集传感器读数。典型的应用是仪表的收集。这些系统用于以下设置：

简单的设备将数据一次性发送到功能强大的接收器，然后通过固定的有线基础设施转发到数据收集点。这些收发器可以构建更通用的物联网网络多跳双向通信实现传感和驱动。收发器可以在一个小的能源预算上实现远距离通信，可建立比目前更高效的物联网基础设施。例如，通常使用的 ZigBee 收发器的通信范围大约有几十米，而在相同环境下，LoRa 收发能够覆盖几百米的范围。LoRa 通信在设计之初就充分考虑了物联网数据的非连续性，通过对 LoRa PHY 的设置，能够实现几十公里远距离通信。当使用这些来构建网络时，收发器应考虑其特定功能，在通信方面尽可能提高绩效，最大限度地减少能源消耗。实验表明，6 个 LoRa 节点可以形成覆盖 1.5 公顷的网络，使用 2 节普通 AA 电池，实现 2 年的使用寿命[17]。

① 带宽（BW）。改变 LoRa 啁啾传播的频率（带宽）范围，允许根据无线电敏感度来交换无线电空时，从而提高能量效率来对抗通信范围和鲁棒性。带宽越高，空时越短，空时越敏感。较低的带宽还需要更精确的晶振，以最小化时间窗口。与时钟漂移有关，给定带宽 BW 通常为 $125\sim500\text{kHz}$，LoRa 的编码率 R_c 计算如下：

$$R_c = BW\,\text{chips/s} \tag{8-3}$$

② 扩频因子（SF）。为了传输信息，LoRa 将每个符号分布在多个频率上，以进一步提高接收器的灵敏度。LoRa 的扩频因子可以在 6 到 12 之间选择，扩频率在 $2^6\sim2^{12}$ 之间，符号传输速率可以由式（8-4）计算：

$$R_s = \frac{R_c}{2^{SF}} = \frac{BW}{2^{SF}}\,(\text{symbols/s}) \tag{8-4}$$

调制比特率能够表示为

$$R_M = SF R_s = SF\frac{BW}{2^{SF}}\,(\text{bit/s}) \tag{8-5}$$

③ 编码率（CR）。为了提高对误码的恢复能力，LoRa 支持前向错误冗余位可变的循环校验技术，范围从 1 到 4。LoRa 最终的比特率 BR 为：

$$BR = R_M \times \frac{4}{4+CR} = SF \times \frac{BW}{2^{SF}} \times \frac{4}{4+CR} (\text{bit/s}) \qquad (8-6)$$

干扰脉冲越多，期望的最大化成功接收数据包使用的编码率就越高。注意，不同编码的 LoRa 接收机之间仍然可以通信，因为包头［使用最大编码速率传输（4/8）］可以包括用于有效载荷的码率。

④ 传输功率。与大多数无线接收机一样，LoRa 收发器也允许调整传输功率，大幅度地改变传输数据包所需的能量，例如，通过切换传输功率可从－4 到 ＋20dBm。

⑤ 载波频率（CF）。LoRa 收发器使用亚 GHz 频率和 2.4GHz 进行通信，不同的地区被允许使用的频率范围有很大的不同，这也是 LoRa 受局限的地方。

表 8-1　物联网组网常用技术标准的参数对比

	NB-IoT	LoRa	ZigBee
组网方式	基于现有蜂窝组网	基于 LoRa 网关	基于 ZigBee 网关
网络部署方式	节点	节点＋网关	节点＋网关
		（网关部署位置要求较高，需要考虑因素多）	
传输距离	远距离	远距离	短距离
	（可达十几公里，一般情况下 10km 以上）	（可达十几公里，城市 1～2km，郊区可达 20km）	（10 米～百米级别）
单网接入节点容量	约 20 万	约 6 万，实际与网关信道数量、节点发包频率、数据包大小等有关。一般有 500～5000 个不等	理论 6 万多个，一般情况 200～500 个
电池续航	理论约 10 年/AA 电池	理论约 10 年/AA 电池	理论约 2 年/AA 电池
成本	模块 5～10 美元，未来目标降到 1 美元	模块约 5 美元	模块一般 1～2 美元
频段	License 频段，运营商频段	unlicense 频段，Sub-GHz（433、868、915MHz 等）	unlicense 频段 2.4G
传输速度	理论 160～250Kbps，实际一般小于 100Kbps，受限低速通信接口 UART	0.3～50Kbps	理论 250Kbps，实际一般小于 100Kbps，受限低速通信接口 UART
网络时延	6～10s	TBD	不到 1s
适合领域	户外场景，LPWAN 大面积传感器应用	户外场景，LPWAN，大面积传感器应用可搭私有网网络，蜂窝网络覆盖不到地方	常见于户内场景，户外也有，LPLAN 小范围传感器应用可搭建私有网网络

参考文献

[1] WANG Y P E, et al. A primer on 3GPP narrowband Internet of things [C]. IEEE Communications Magazine, 2016, 55 (3):117-123.

[2] BEYENE Y D, et al. On the performance of narrow-band Internet of things [C]. 2017 IEEE Wireless Communications and Networking Conference (WCNC). 2017:637-642.

[3] ZAYAS A D, MERINO P. The 3GPP NB-IoT system architecture for the Internet of Things [C]. 2017 IEEE International Conference on Communications Workshops (ICC Workshops). 2017:277-282.

[4] LAVRIC A. LoRa (long-range) high-density sensors for internet of things[J]. Journal of Sensors. 2019: 1-9.

[5] SUN C, et al. Beam division multiple access transmission for massive MIMO communications[C]. IEEE Transactions on Communications. 2015, 63 (6): 2170-2184.

[6] KO K T, DAVIS B. A Space-Division Multiple-Access Protocol for Spot-Beam Antenna and Satellite-Switched Communication Network[J]. IEEE Journal on Selected Areas in Communications. 1983, 1 (1): 126-132.

[7] THOMPSON J, et al. 5G wireless communication systems: prospects and challenges [J]. IEEE Communications Magazine. 2014, 52 (2): 62-64.

[8] HASAN S F. 5G Communication Technology [M]. springer International Publishing, 2014.

[9] GUO Y, et al. Parallel polar encoding in 5g communication[C]. 2018 IEEE Symposium on Computers and Communications (ISCC). 2018:64-69.

[10] KIASALEH K. Turbo-Coded Optical PPM Communication Systems[J]. Journal of lightwave technology, 1998, 16 (1): 18-26.

[11] SHAH S T, et al. Radio resource management for 5G mobile communication systems with massive antenna structure [C]. Transactions on Emerging Telecommunications Technologies, 2015:237-242.

[12] MAHMOOD N H, et al. Radio resource management techniques for embb and mmtc services in 5g dense small cell scenarios[C]. 2016 IEEE 84th Vehicular Technology Conference (VTC-Fall). 2016.

[13] SHE C, Yang C, QUEK T Q S. Radio resource management for ultra-reliable and low-latency communications [J]. IEEE Communications Magazine. 2019, 55 (6): 72-78.

[14] CHANG H L, et al., Gateway-Assisted Retransmission for Lightweight and Reliable IoT Communications [J]. Sensors. 2011, 16 (10): 1560.

[15] ADHIKAREE A, et al. Internet of Things-enabled multiagent system for residential DC microgrids[C]. 2017 IEEE International Conference on Electro Information Technology (EIT). 2017.

[16] CHOORUANG K, MANGKALAKEER-

EE P. Wireless Heart Rate Monitoring System Using MQTT[J]. Procedia Computer Science. 2016, 86: 160-163.

[17]　TOMASIN S, ZULIAN S, VANGELISTA L. Security analysis of lorawan join procedure for Internet of things networks [C]. 2017 IEEE Wireless Communications and Networking Conference Workshops (WCNCW). 2017.

第9章

射频识别与智能制造应用

9.1 智能制造

智能制造技术是在现代传感技术、网络技术、自动化技术、拟人化智能技术等基础上，通过智能化的感知、人机交互、决策和执行技术，实现设计过程、制造过程和制造装备智能化，是信息技术和智能技术、装备制造过程技术的深度融合与集成。这是我国《智能制造科技发展"十二五"专项规划》给出的智能制造定义。智能制造应充分理解客户深度定制带来的柔性化生产的特殊要求，这种要求需要一个充分发达的人工智能来自行决策生产的要素、流程和工艺。

9.1.1 智能制造背景和意义

随着信息技术的发展和社会协作的进一步深化，产品出现了个性化、定制化和绿色化等特征。个性化产品要求生产线变成柔性化生产线，生产线可以根据产品动态地配置生产资源。产品在全部生命周期内都可以满足客户个性化需求，即产品在设计、制造和运作过程中都能够满足个性化需求。代表制造业核心竞争力的因素发生了深刻的变化，一般认为提高效率、缩短生产周期、提高柔性是提高核心竞争力的关键。中国制造目前面临产业升级压力、劳动力成本上升压力和能耗排放压力等，提高制造业的附加值、发展先进制造技术实现产业升级是刻不容缓的，同时也是中国制造业的机遇。

现有工业管理模式落后、缺乏信息化的管理手段，所以现有的工业管理体系无法从根本上满足产品柔性化的需求。当前制造业面临各种困难，解决这些困难也是制造业向智能化发展的关键。

① 现在的制造业存在过程不透明的现象，在生产过程中生产指令基本靠人工发布，关键装配信息仅凭工人经验，这种现象就对应信息发布手段落后的情况。靠现有的 ERP 和人机系统采集数据十分不方便，信息的实时性和可视化程度很差，数据也很容易丢失。这种信息非实时性会导致信息不能实时地反映到系统中，导致各个车间按照不同的标识管理物品。而且因为信息沟通不及时导致各

个车间的生产环节不能及时进行通信，也不能根据实时信息进行生产过程的全局优化。

② 生产过程难于优化，经常因物料供应或下游生产能力等问题影响设备利用率，降低产能。生产车间的设备利用率常低于 70%，总装车间的关键装配切换十分频繁。完全手工生成配料清单，因工作量大，容易出错，且信息严重迟滞，导致物料配送经常短缺。流水线过程无历史记录，因此无法追踪问题。

③ 多种信息系统无法有效集成构成了信息孤岛，各种系统种类繁多，但仍然无法进行有效的数据交换，信息之间相互孤立，所用的信息体制差别巨大。如物料管理存在编码不统一的情况。

④ 无自动化的仓储管理系统，人为进行库存管理存在的问题很多。人工搬运、人工进行库存盘点存在安全隐患，易出错误，劳动力成本高，而且信息难于追溯。

9.1.2　智能制造到工业 4.0 发展历程

智能制造本质上是基于数据驱动的制造模式，涉及制造过程的整个环节，其中的数据包括信息、知识和模型。这种制造模式涉及用户需求、产品研发、工艺设计、智能生成和产品服务等全面的生产流程，因此智能制造本身也是一种 C2B 的制造模式。面对客户对产品的个性化、复杂化、不稳定、变化的定制化需求，制造商合理地评估和组织资源，给出快速的适配解决方案，自动完成高品质的产品。智能制造技术融合了信息技术、自动化技术、先进制造技术、管理技术和人工智能技术等多学科领域。是工业 4.0 的重要组成部分，它是在工厂人力资源、设备资源、物料资源信息化后逐渐发展起来的综合性技术。智能制造被放到第四次工业革命的重要地位上，因为这是从根本上的一个变革。前两次革命可以说是能源驱动下的革命，后两者则是信息技术进入工业设备后产生的革命。第一次工业革命是蒸汽动力机械设备应用于生产，第二次工业革命是电机和电能促进大规模流水线的建立，第三次工业革命是信息技术实现了自动化生产，第四次工业革命是进一步应用信息-物理系统实现智能化生产。工业化发展历程如图 9-1 所示。

智能制造是对整个制造业价值链的智能化和全面创新，远远超越了原本的信息化和工业化结合的初级构想。它包括研发智能产品、应用智能设备、建立自底向上的智能生产线、构建智能车间、打造智慧工厂、实现智能研发、形成智能供应链体系、开展智能管理、推进智能服务、实现智能决策，最终实现智能生产。

传统制造业都是围绕着图 9-2 中五要素展开的，生产过程的材料管理包含原料品质（特性、功能等）控制、供应商管理、生命周期追溯和应用合规性。机器因素主要考虑机器的生产精度、自动化程度以及生产能力。方法因素主要考虑工艺、效率和产能等。策略因素主要考虑采用质量管理方法、传感器监测等。其中的人是控制五要素的核心[1,2]。

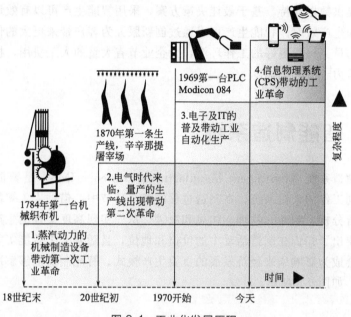

图 9-1 工业化发展历程

智能制造起源于人工智能的相关研究领域，并将人工智能应用到工业生产中，取代或部分取代人作为设计和决策的核心地位。智能制造系统在实践中不仅具有不断学习并充实知识库的功能，还有自动理解环境和自身信息，对生产进行分析判断和规划决策的能力。

智能设备、智能系统和智能决策构成了智能应用的三大应用范围，这意味着工业世界中的机器、设备、设施等能够跟大数据和新型通信更深度的融合，这种融合是非常基本的，甚至可将信息与物理两个原本平行的空间链接到一起，形成新的元素。信息、能量、物质三者之间的联系将彻底打开[3~6]。

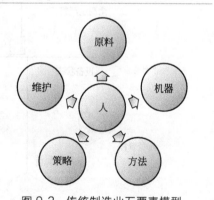

图 9-2 传统制造业五要素模型

智能制造设计的出发点之一就是满足柔性化生产，极大程度地满足客户深度定制产品的需要。智能制造在人工智能设备的辅助下可以实现灵活的且动态的业务流程。智能制造通过广泛的传感设备和数据采集设备为决策系统提供透明的、实时的数据，这些数据能够用于人工智能系统或者人的生产决策，为生产过程的最佳决策提供数据支持。基于最佳决策方案，采用智能生产可以有效地提高设备的利用率和生产效率。智能生产可以通过创新服务为客户带来更大的价值。智能生产可以为员工提供更好的工作环境，为企业节省大量的人工费用，极大地提升企业的竞争力[7,8]。

9.2 智能制造系统

智能制造系统（Intelligent Manufacturing System，IMS）是智能机器和人类专家协同工作的人机系统，在制造过程的各个环节中，借助人工智能技术和专家系统进行分析、判断、推理、构思和决策，从而实现高度柔性的生产模式。该制造模式突出了知识在制造活动中的价值和地位，且随着人工智能等相关技术的发展必然会成为影响未来经济发展的重要生产模式。智能制造能够解决生产中的关键问题，如图 9-3 所示。

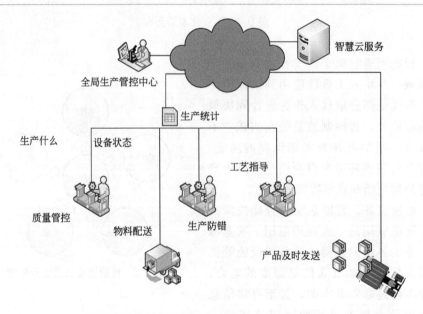

图 9-3　智能制造能够解决生产中的关键问题

智能制造系统本质上是一个复杂的相互管理的子系统的集合，从功能上可以分为设计、计划、生产和系统活动四个相对独立的子系统。在设计功能子系统中，智能制造突出市场需求对产品的概念设计过程的影响。其功能设计强调了产品的可制造、可装配以及可维护和生产保障性。在模拟测试过程中也可以充分利用人工智能技术，对产品生产统筹进行安排，相当于在实际生产之前对生产原料、生产设备配置、生产工艺、生产流程安排以及产品品质进行前期彩排。这种虚拟的过程允许人或人工智能对每个环节进行优化。

智能制造自下而上分为三层，制造系统本身是一个复杂的相互关联的子系统的整体集成，由此可见，IMS 理念建立在自组织、分布自治和社会生态学机理上，目的是通过设备柔性和计算机人工智能控制自动地完成设计、加工、控制、管理过程，旨在解决适应高度环境变化的制造的有效性。与传统的制造相比，智能制造系统具有以下特征。

① 自律能力　即搜集与理解环境信息和自身的信息，并进行分析判断和规划自身行为的能力。具有自律能力的设备称为智能机器，智能机器在一定程度上表现出独立性、自主性和个性，甚至相互间还能协调运作与竞争。强有力的知识库和基于知识的模型是自律能力的基础。

② 人机一体化　IMS 不单纯是人工智能系统，而是人机一体化智能系统，是一种混合智能。基于人工智能的智能机器只能进行机械式的推理、预测、判断，它只能具有逻辑思维（专家系统），最多做到形象思维（神经网络），完全做不到灵感（顿悟）思维，只有人类专家才真正同时具备以上三种思维能力。因此，以人工智能全面取代制造过程中人类专家的智能，独立承担分析、判断、决策等任务是不现实的。人机一体化一方面突出人在制造系统中的核心地位，同时在智能机器的配合下，更好地发挥出人的潜能，使人机之间表现出一种平等共事、相互理解、相互协作的关系，使二者在不同的层次上各显其能，相辅相成。

因此，在智能制造系统中，高素质、高智能的人将发挥更好的作用，机器智能和人的智能将真正地集成在一起，互相配合，相得益彰。

③ 虚拟现实技术　这是实现虚拟制造的支持技术，也是实现高水平人机一体化的关键技术之一。虚拟现实技术以计算机为基础，融合信号处理、动画技术、智能推理、预测、仿真和多媒体技术为一体；借助各种音像和传感装置，虚拟展示现实生活中的各种过程、物件等，因而也能拟实制造过程和未来的产品，从感官和视觉上使人获得如同真实的感受。但其特点是可以按照人的意愿任意变化，这种人机结合的新一代智能界面是智能制造的一个显著特征。

④ 自组织超柔性　智能制造系统中的各组成单元能够依据工作任务的需要，自行组成一种最佳结构，其柔性不仅突出在运行方式上，而且突出在结构形式上，所以称这种柔性为超柔性，如同一群人类专家组成的群体，具有生物特征。

⑤ 学习与维护　智能制造系统能够在实践中不断充实知识库，具有自学习

功能。同时，在运行过程中自行故障诊断，并具备对故障自行排除、自行维护的能力。这种特征使智能制造系统能够自我优化并适应各种复杂的环境。

　　智能制造的发展路线第一阶段通过软件和网络进行商品的定制、开发服务。这个阶段并没有完全脱离互联网线上线下生产模式。第二阶段则是机器和商品要进行信息和指令的自主交互。这一阶段的重要技术对应 M2M。第三阶段才是机器的自主控制和优化，是一种完全依赖于人工智能和大数据技术的全新的生产模式。智能制造特征表现为在产品设计、制造过程和生产环境中具有感知、分析、决策和执行的自主功能。

9.3　智慧工厂

　　新一代的智慧工厂致力于将人工智能技术、先进制造技术和工艺以及全新的管理方法进行深度融合，使工厂的生产车间发生重大变革，用自适应的方式实现产品的柔性化生产、个性化定制，从根本上提高制造质量和生产效率，提高企业的核心竞争力。

9.3.1　智慧工厂的架构

　　智慧工厂通过构建智能化生产系统和分布式网络以及全面的物联网实现生产过程的智能化，如图 9-4 所示。智慧工厂具备自主分析、判断、规划、设计能力，通过人工智能进行推理预测，利用仿真技术来综合优化产品的设计，可自行组成最佳系统结构，具备协调、重组及扩充特性。

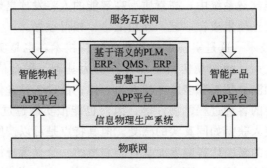

图 9-4　智慧工厂的架构

　　人机料法环是全面质量管理理论中的五个影响产品质量的主要因素的简称。人，指制造产品的人员；机，指制造产品所用的设备；料，指制造产品所用的原材料；法，指制造产品所用的方法；环，指产品制造过程中所处的环境。

而智能生产就是以智慧工厂为核心，将人、机、法、料、环连接起来，多维度融合的过程。

在智慧工厂的体系架构中，质量管理的五要素也相应地发生变化，因为在未来智慧工厂中，人类、机器和资源能够互相通信。智能产品"知道"它们被制造出来的细节，也知道它们的用途。它们将主动地掌握制造流程，回答诸如"我什么时候被制造的""对我进行处理应该使用哪种参数""我应该被传送到何处"等问题。

企业基于 CPS 和工业互联网构建的智慧工厂原型，主要包括物理层、信息层、大数据层、工业云层、决策层。其中，物理层包含工厂内不同层级的硬件设备，从最小的嵌入设备和基础元器件开始，到感知设备、制造设备、制造单元和生产线，相互间均实现互联互通。以此为基础，构建了一个可测可控、可产可管的纵向集成环境。信息层涵盖企业经营业务各个环节，包含研发设计、生产制造、营销服务、物流配送等各类经营管理活动，以及由此产生的众创、个性化定制、电子商务、可视追踪等相关业务。在此基础上，形成企业内部价值链的横向集成环境，实现数据和信息的流通和交换[9,10]。面向服务的智慧工厂的布局如图 9-5 所示。

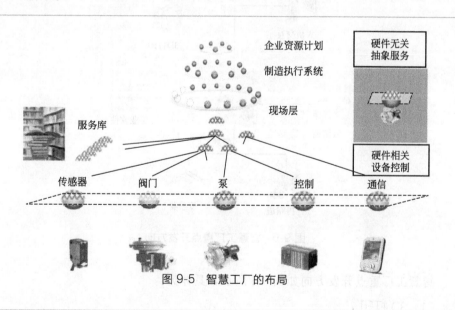

图 9-5　智慧工厂的布局

纵向集成和横向集成均以 CPS 和工业互联网为基础，产品、设备、制造单元、生产线、车间、工厂等制造系统的互联互通，及其与企业不同环节业务的集成统一，则是通过数据应用和工业云服务实现，并在决策层基于产品、服务、设备管理支撑企业最高决策。这些共同构建了一个智慧工厂完整的价值网络体系，为用户提供端到端的解决方案。

由于产品制造工艺过程差异明显，因此离散制造业和流程制造业在智慧工厂建设的重点内容有所不同。对离散制造业而言，产品往往由多个零部件经过一系列不连续的工序装配而成，其过程包含很多变化和不确定因素，在一定程度上增加了离散型制造生产组织的难度和配套复杂性。企业常常按照主要的工艺流程安排生产设备的位置，以使物料的传输距离最小。面向订单的离散型制造企业具有多品种、小批量的特点，其工艺路线和设备的使用较灵活，因此，离散制造型企业更加重视生产的柔性，其智慧工厂建设的重点是智能制造生产线。

9.3.2　智慧工厂发展重点环节

智能生产的侧重点在于将人机互动、3D 打印等先进技术应用于整个工业生产过程，并对整个生产流程进行监控、数据采集，进行数据分析，从而形成高度灵活、个性化、网络化的产业链。

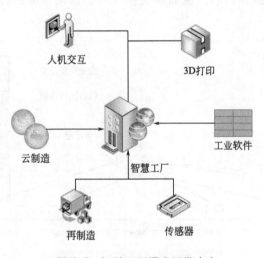

图 9-6　智慧工厂重点开发方向

智慧工厂重点开发方向如图 9-6 所示，具体为：

（1）3D 打印

3D 打印是一项颠覆性的创新技术，被称为 20 世纪最重要的制造技术创新。制造业的全流程都可以引入 3D 打印，实现节约成本、加快进度、减少材料浪费等。在设计环节，借助 3D 打印技术，设计师能够拥有更大的自由和创意空间，可以专注于产品形态创意和功能创新，而不必考虑形状复杂度的影响，因为 3D 打印几乎可以完成任意形状物品的构建。在生产环节，3D 打印可以直接从数字化模型生成零部件，不需要专门的模具制作等工序，既节约了成本，又能加快产品上市。此外，传统制造工艺在铸造、抛光和组装部件的过程中通常会产生废料，而使用 3D 打印则可以一次性成型，基本不会产生废料。在分销环节，3D 打印可能会挑战现有的物流分销网络。未来，零部件不再需要从原厂家采购和运输，而是从制造商的在线数据库中下载 3D 打印模型文件，然后在本地快速打印出来，由此可能导致遍布全球的零部件仓储与配送体系失去存在的意义。

(2) 人机交互

未来各类交互方式都会进行深度融合，使智能设备更加自然地与人类生物反应及处理过程同步，包括思维过程、动作，甚至一个人的文化偏好等，这个领域充满着各种各样新奇的可能性。

人与机器的信息交换方式随着技术融合步伐的加快向更高层次迈进，新型人机交互方式被逐渐应用于生产制造领域。具体表现在智能交互设备柔性化和智能交互设备工业领域应用这两个方面。在生产过程中，智能制造系统可独立承担分析、判断、决策等任务，突出人在制造系统中的核心地位，同时在工业机器人、无轨视觉自动导引车等智能设备配合下，更好发挥人的潜能。机器智能和人的智能真正地集成在一起，互相配合，相得益彰。人机交互的本质是人机一体化。

(3) 传感器

中国已经基本形成较为完整的传感器产业链，材料、器件、系统、网络等各方面水平不断完善，自主产品已达 6000 余种，国内建立了三大传感器生产基地，分别为安徽基地、陕西基地和黑龙江基地。政府对国内传感器产业提出了加大力度、加快发展的指导方针，未来传感器的发展将向着智能化的方向推进。

(4) 工业软件

智慧工厂的建设离不开工业软件的广泛应用。工业软件包括基础和应用软件两大类，其中系统、中间件、嵌入式属于基础技术范围，并不与特定工业管理流程和工艺流程紧密相关，以下提到的工业软件主要指应用软件，包括运营管理类、生产管理类和研发设计类软件等。广泛应用 MES（制造执行系统）、APS（先进生产排程）、PLM（产品生命周期管理）、ERP（企业资源计划）、质量管理等工业软件，实现生产现场的可视化和透明化。在新建工厂时，可以通过数字化工厂仿真软件进行设备和产线布局、工厂物流、人机工程等仿真，确保工厂结构合理。在推进数字化转型的过程中，必须确保工厂的数据安全和设备及自动化系统安全。当通过专业检测设备检出次品时，不仅要能够自动与合格品分流，而且要能够通过 SPC（统计过程控制）等软件分析出现质量问题的原因。

（5）云制造

云制造即制造企业将先进的信息技术、制造技术以及新兴物联网技术等交叉融合，工厂产能、工艺等数据都集中于云平台，制造商可在云端进行大数据分析与客户关系管理，发挥企业最佳效能。

云制造为制造业信息化提供了一种崭新的理念与模式，云制造作为一种初生的概念，未来具有巨大的发展空间。但云制造的未来发展仍面临着众多关键技术的挑战，除了对云计算、物联网、语义 Web、高性能计算、嵌入式系统等技术的综合集成，基于知识的制造资源云端化、制造云管理引擎、云制造应用协同、云制造可视化与用户界面等技术均是未来需要攻克的难点[11,12]。

9.4 射频识别在智能制造中的应用

射频识别可以对物料、机器、人员等生产要素进行实时且透明化管理，可以实现智慧工厂生产要素的可视化管理，为智能制造提供先决条件。从根本上解决生产过程中数据录入量大且效率低下的问题，使生产进度的可控性变得更好。射频识别能够实现从订单产生到生产计划精确地监控和计算，使产品的成本完全透明，生产时间完全可控。射频识别应用到生产流程中可以使产品质量有良好的追溯性，产品质量不仅可追溯，而且可以对生产工艺提高提供反馈，从而不断地对生产流程中的各个环节的工艺产生影响。射频识别的应用也为智能制造中的决策系统提供实时数据，使智能决策中心能够对生产平台和企业运营管理进行灵活有效的决策。建设智慧工厂无疑是制造企业转型升级的重要方式，同时应围绕企业的中长期发展战略，根据自身产品、工艺、设备和订单的特点，合理规划智慧工厂的建设蓝图。在推进规范化、标准化的基础上，从最紧迫需要解决的问题入手，务实推进智慧工厂的建设。图 9-7 所示为流水线的 RFID 智能改造示意图。

以智能制造为主导的第四次工业革命正在席卷全球。智能制造的生产效率更高、产品质量更好、规模效应更大、产品价值更高，能够快速和直接生产出各类中间产品和最终产品，智能制造往往通过信息、通信、工业技术等整合联通整个产品制造过程和产业链条，对上下游企业和关键产业具有重要带动作用。

其中，物联网是实现智能制造柔性化生产的重要技术基础。在智能制造中，各个设备通过物联网技术进行互联，各企业通过互联网进行互联，最终实现信息数据融合；流程设计可快速匹配，生产流程可灵活调整，最终个性化需求能得到快速满足；工厂整个价值链获得增值，企业效益获得提升，最终客户可以得到良好的服务；各项资源能够得到合理应用，工作生活能够得到平衡，最终为决策者决策提供科学依据。

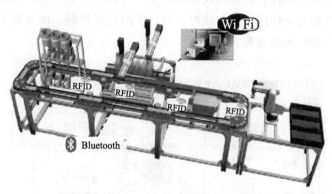

图 9-7　流水线的 RFID 智能改造示意图

对于制造业来说，RFID 模块的价值主要体现在制造流程、仓储、运输三个环节中。在制造业的库存管理和供应链管理方面，RFID 模块可以帮助企业减少短货现象、实现差异化生产、快速准确获得物流信息，同时还可以把整个供应链在此基础上进行规划，从而达到降低成本、提高效率的目的。员工通过刷电子标签获取自己所做的工序信息，员工的产量、生产进度等信息也由该电子标签采集。在手工作业和质检环节中，员工刷电子标签后，机位上配备的电子显示屏会显示出作业操作方法、质量要求等。

在成品分拣区，配合吊挂线和 RFID 模块系统，电子标签还可以实现客户西装上衣和裤子的自动配套分拣。从接单到出货，规定最长用时为 7 天，较现行西装定制周期（3 个月至 6 个月）大大缩短，销售额翻倍增长。

RFID 模块在制造业中的功能不仅如此，其在制造业中的影响是广泛的，包括信息管理、制造执行、质量控制、标准符合性、跟踪和追溯、资产管理、仓储量可视化以及生产率等。RFID 模块给制造业带来的改变见图 9-8。

（1）制造信息管理

将 RFID 模块和现有的制造信息系统（如 MES、ERP、CRM 和 IDM 等）相结合，可建立更强大的信息链，并在准确的时间及时传送准确的数据，从而增强生产力、提高资产利用率以及更高层次的质量控制并完成各种在线测量。通常从 RFID 模块获取数据后，还需要中间件对这些数据进行处理，馈送到制造信息系统。

（2）制造执行、质量控制和标准的符合性

为支持精益制造和 6 Sigma 质量控制，RFID 模块可提供不断更新的实时数据流。与制造执行系统互补，RFID 模块提供的信息可用来保证正确使用劳动力、机器、工具和部件，从而实现无纸化生产和减少停机时间。更进一步地，当材料、零部件和装配件通过生产线时，可以实时进行控制、修改甚至重组生产过程，以保证可靠性和高质量。

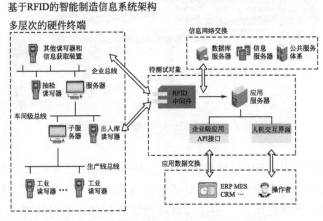

图 9-8　RFID 模块给制造业带来的改变

（3）跟踪和追溯

要求符合 FDA 质量规范的呼声不断增强，消费用包装品、食品企业在其整个供应链中要求精确地跟踪和追溯产品信息。在这些方面，RFID 模块能和现有的制造执行系统互补，对大多数部件而言，制造执行系统已能搜集如产品标识符、时间戳记、物理属性、订货号和每个过程的批量等信息，这些信息可以被转换成 RFID 模块编码并传送到供应链，帮助制造商跟踪和追溯产品的历史信息。

（4）工厂资产管理

资产（设备）上的 RFID 模块提供其位置、可用性状态、性能特征、储存量等信息。基于这些信息进行生产过程维护、劳动力调整等有助于提高资产价值，优化资产性能和最大化资产利用率。由于可减少停机时间和更有效地进行维护（规划的和非规划的），因此能积极地影响非常重要的制造性能参数。

（5）仓储量的可视化

由于合同制造变得越来越重要，因而同步供应链和制造过程的清晰可见就成为关键。RFID 模块适合于各种规模的应用系统（局部的或扩展到整个工厂的）。RFID 模块可以实现进料、WIP、包装、运输、仓储直到最后发送到供应链中的下一个目的地的全方位和全程可视化，所有这些都和信息管理有关。

9.4.1　射频识别在汽车生产领域的应用

传统的制造业要保持竞争力，以便于公司业务进一步拓展和占领更大的市场份额，但在扩张过程中不可避免地会遇到普遍的难题：一个是质量的稳定性很难把控，另外一个就是产品的交付进度很难严格把控。如果某个公司能够将这两个方面的问题解决好，它就能把握住未来的市场，尤其近年是制造业强劲发展的机遇期，可使企业保持良好的竞争优势。以智能制造为核心的生产过程改造成了必然选择，智能制造能够以物联网、人工智能和大数据为技术手段提高产品质量，提供更敏捷的产品供应，通过对企业整个流程的再造，以期获取激烈竞争中的优势，以卓越的质量和精准的交付为目标，满足客户定制化要求，达到企业生产效益的最大化。

9.4.1.1　射频识别技术在汽车生产流程中的应用

汽车生产线主要分为冲压、焊接、喷漆、装配四大工艺模块。冲压生产过程的主要功能是将板材进行冲压成型，冲压后的产品进入产品库。焊接生产过程是将冲压件从库存调配到焊接车间，焊接车间采用机器人自动或半自动地将冲压件焊接成车身，焊接流水线往往存在多个分支，最后汇总成车身。焊接后的产品进入喷漆涂装车间，喷漆车间可能存在多条涂装流水线，可以生产不同类型的汽车，涂装后的产品进入装配车间进行总装。总装后的汽车经过检测线和路试，合格后的整车入库，不合格的产品返回到检修车间进行检修处理。如图9-9所示。

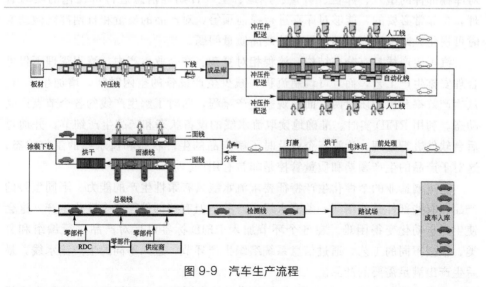

图9-9　汽车生产流程

　　从汽车生产流程可以看出，汽车企业的生产过程涉及供应链管理、物流管理、库存管理、流程管理、生产自动化、质量控制、产品的跟踪和追溯以及工厂资产和人员管理等多个方面。利用 RFID 技术对汽车生产进行智能化改造，对提高产品质量、保证原材料供应和产品质量具有重大的意义。

　　重视研究供应链是现代企业管理的标志，提高客户服务质量的关键就是打造完善的供应链。汽车制造企业的供应商是非常多的，汽车企业需要对进料、包装、运输、仓储直到最后交付到客户手中进行全程全方位地实时可视化管理。传统条码管理方式是无法做到实时透明化管理的，主要原因在于条码属于视距传输，而且存在因撕裂、油污甚至丢失导致产品无法识别的现象。依靠射频识别技术能够连续地、实时地读取产品信息，再结合定位系统和传感器，即可对产品进行全程的可视化管理。射频识别技术能够实现自动、准确、快速、安全和可靠的供应链。

　　射频识别在物流领域的应用也是特别具有代表性的。汽车生产过程需要的材料特别多，生产的型号也多，配置变换丰富，客户定制已经使汽车产业进入了柔性生产的范围，可能涉及几千家供货商，而且还需要适度的备份供货商。产品需求信息随时都有变化，需要用 RFID 技术和相关的技术提供实时数据，对零部件和半成品进行准确定位、快速处理和协调，提高物流速度，提高物流处理的准确性，确保生产安全。

　　库存管理也是汽车行业管理的一个重点领域，汽车配件种类很多，适当的库存才能保证生产，库存的多样性，导致管理的复杂性大大提高。利用 RFID 技术对库存部件的型号、库位、数量、产地、生产日期等信息进行可视化的实时管理，是非常必要的，能够对库存进行提前预警，对产品的质量和日期都能做到实时可视化。减少因库存不当导致的产品质量问题。

　　汽车生产线具有分支结构，流程相对复杂。在企业生产中，流程管理不仅可合理安排生产工艺，而且可调制流程，减少生产设备的空闲时间，增加生产力。从生产效率和生产质量两方面来观察生产流程，随时了解生产线的各个节点产品动态。利用 RFID 实时、准确地读取流水线的设备状态和产品生产细节，并通过后台软件进行处理，让汽车企业及时了解产品的生产状态和流水线的工作状态，这对于产品的生产预期和质量管控是非常有用的。

　　汽车制造业的个性化生产特征要求流水线具有柔性生产的能力。不同型号的产品，有些部件是使用同一条流水线生产的，但有些部件需要个性化生产，这会使生产自动化变得困难。在各个环节加入 RFID 标签以后对产品进行编组和分类，根据不同的工艺，通过信息系统组织生产环节，进入不同的生产流水线，最后生产出满足需要的产品。

　　在质量控制方面，RFID 技术也有独到的应用场合，利用 RFID 采集生产线和产品信息，然后直接汇集到质量管理系统，这样的质量管理具有准确、实时的特性，可以根据实时数据发现正在发生的质量问题，甚至根据相关的规则和算法及时地预判或更正生产中工艺或流水线设备出现的问题。

汽车产品属于客户长期使用的产品，且供货商数量惊人。产品质量不能全部在生产线中检测出来，能够对产品进行跟踪和追溯就变得非常重要。当流入市场的产品出现质量问题时，制造商能够根据产品识别、销售路径、生产日期以及配料来源信息对产品进行溯源，这是提高产品质量重要且有效的方法。

汽车制造商将 RFID 提供的资产信息和专业人员的位置、可用性状态、性能特征等信息用于企业生产，对提高资产利用率、资产（包括人员）合理分配、资产性能优化和资源利用最大化有重要的作用。

9.4.1.2　射频识别在汽车制造过程中的潜在应用

RFID 技术在汽车行业内的应用并不仅局限于以上几个大的方面，还有一些潜在的应用。从焊接每个螺钉、电路中的每个部件到路试、安全测试等，这些场景数据的获取都可以使用射频识别技术，也可利用射频识别技术结合传感器、GIS 部件构建出更加准确、实时和可视化的数据应用场景。图 9-10 给出了喷漆流程的细节。

9.4.2　射频识别技术在生产车间智能刀具管理中的应用

智能制造数控机床已成为机械等行业加工车间的主流设备，一般小型数控加工车间的刀具配备量多达上千把，再加上其配套零部件，总量上万把，品种上百种。随着刀具数量和种类的急剧增加，生产车间各种类型及规格的标准和非标准刀具并存，大量刀具频繁地在刀具库房与机床、机床设备之间流动和交换。当前国内加工车间多靠手工方式和纸质条码管理刀具，纸质条码在油污环境下容易污损。刀具寿命也只能靠经验判断。刀具缺乏会造成很多加工流程停止，机床操作工需耗费大量时间查找刀具。随着智能制造数控机床种类及新产品种类的增加，现有刀具管理方案已不能满足需求，故引入无线射频识别技术。将 RFID 芯片安装在刀具的刀柄上（图 9-11），实现刀具信息的采集与管理，降低综合生产成本。

9.4.2.1　刀具管理行业现状及需求

国内外从事刀具管理研究的专家开发出很多刀具管理软件，但无法满足刀具管理的全部要求，现有刀具管理存在以下问题：

① 无法分析刀具的整个生命周期的记录和数据，只是在时间点上实现刀具信息的采集与监控，无法获得未加工时的数据；

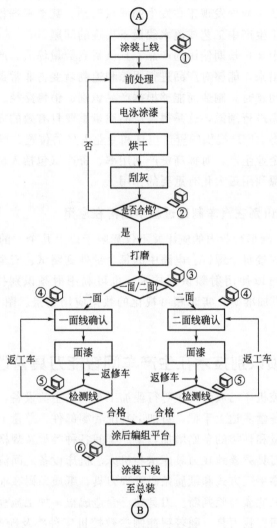

图 9-10 喷漆过程解析

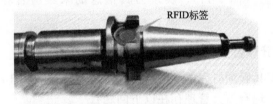

图 9-11 嵌入了 RFID 标签的刀具刀柄

② 传统刀具管理缺乏 M2M 信息交互，无法实现集成化管理；

③ 现有刀具管理方案以满足生产需求为目的，未考虑刀具整个生命周期内的成本问题。

为解决上述问题，实现制造业更加智能化自动化的目标，引入射频识别技术，用来管理刀具信息。在加工过程中，针对刀具在机床中的使用进行智能化管理，将刀具参数传递给机床，使刀具进入机床刀库，供加工程序调用。刀具加工完成时，将刀具生产时间写入刀具的 RFID 标签中，实现刀具实时信息采集、刀具状态跟踪等功能。图 9-12 所示为智能刀具管理平台示意图。

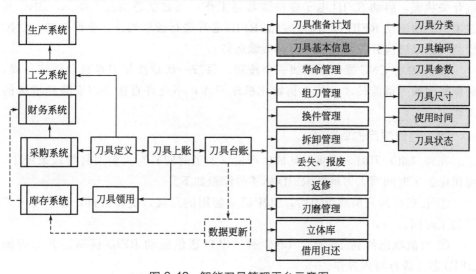

图 9-12　智能刀具管理平台示意图

9.4.2.2　刀具信息管理系统作业流程

刀具信息管理系统是指在制造单元内的机器设备（如智能制造数控机床、对刀仪等）及 RFID 读写器进行通信的基础上，利用无线射频识别技术与 RFID 电子标签读写器串口通信技术，实现刀具在其生命周期内的信息监控与存储管理。刀具整个生命周期一般包括计划、采购、标识、入库、借出、装配、使用、归还、重磨、报废等。采用专门为刀具设计的 RFID 电子标签，RFID 读写标签的时间为 500ms。

机床刀具管理的前提条件是刀具已经进行组刀，并通过对刀仪对刀。为了实现刀具相应的功能，机床需要进行刀库初始化，将刀具加工时间写入刀柄 RFID 中。由于高频 RFID 的读写距离比较短，所以在读写刀柄的 RFID 时，要使天线通过气动装置靠近 RFID 电子标签。

（1）机床刀库初始化

实现数控刀具信息的智能化传输要依靠智能制造数控机床。为确保刀具装入机床时自动入刀库，并将刀具参数从 RFID 电子标签读入到机床刀库中，需对机床刀库进行初始化操作，具体流程如下。

① 当机床有刀具变动时，需要机床控制刀盘转动一周，将所有刀具重新初始化到机床刀库。

② 对每把刀进行如下操作：数控机床（Computerized Numerical Control，CNC）通过指令驱动气缸顶升 RFID 电子标签读头，气缸到位后，CNC 获取感应开关状态，启动 RFID 电子标签读写器工作；气缸状态维持 500ms，CNC 通过串口通信驱动 RFID 读写器对刀柄 RFID 芯片进行读取操作；收回气缸，CNC 检测气缸磁感应开关到位后，刀具继续运转。

③ 需要在 CNC 操作界面加一个按钮，每按一次该按钮刀盘自动旋转一周，确保每次换刀都能转动一周，初始化机床刀库；不允许直接将刀安装到机床的刀库。

（2）刀具生产时间记录

在卸（组）刀时，会将刀具的生产量（加工时间）写入到刀具管理系统中。将机床加工时间写入刀柄的 RFID 标签的流程如下。

① 在机床卸刀前或组刀后，机床记录使用的刀具，旋转刀盘，逐个写入刀具加工时间。

② 气缸状态维持 500ms，CNC 通过串口通信驱动 RFID 读写器并对刀柄 RFID 芯片进行写入操作。

③ 收回气缸，CNC 检测气缸磁感应开关到位后，刀盘继续转动。

要保证上述方案操作顺利进行，需在 CNC 操作界面增加一个按钮，在卸刀前或组刀后，按一次按钮，使机台旋转一周，并写入刀具使用时间，最终完成刀具寿命的控制。在进行方案流程操作时，应注意操作规范。

（3）RFID 芯片中刀具数据存储

刀具编码是确定刀具身份唯一性的重要信息，将其写入 RFID 标签，通过刀具编码来管理每一把刀具。在编写相应程序时，可根据刀具的规格型号确定刀具的名义直径、名义长度及相应程序，然后根据实际情况给予相应的直径补偿和长度补偿。由于同一把刀具可以安装在不同的机床上，同一台机床也可以加工不同产品，加工产品时，也可能出现异常情况，故在加工时，需要展示加工信息。可通过程序控制，在加工过程动态展示报表显示刀具编码、加工产品、产品数量、异常信息等以及 RFID 记录中的刀具编码、刀具寿命、刀具已使用时间等信息。

参考文献

[1] 杨子杨. "十二五" 智能制造装备产业发展思路 [J]. 中国科技投资, 2012 (13): 27-32.

[2] 科技部.《智能制造科技发展 "十二五" 重点专项规划》解读. 2012.

[3] BURNS R. Intelligent manufacturing. Aircraft Engineering & Aerospace Technology, 1997. 69 (5): 440-446.

[4] CAMARINHA-MATOS L M, AFSAR-MANESH H, MARIK V. Intelligent Systems for Manufacturing [M]. Springer, Boston, MA, 1998.

[5] DESMIT Z, et al. An approach to cyber-physical vulnerability assessment for intelligent manufacturing systems[J]. Journal of Manufacturing Systems: S0278612 51730033X, 2017, 43 (2): 339-351.

[6] GUI Y T, YIN G, TAYLOR D. Internet-based manufacturing: A review and a new infrastructure for distributed intelligent manufacturing[J]. Journal of Intelligent Manufacturing. 2002, 13 (5): 323-338.

[7] VVILLIAM F, etal. Intelligent manufac-turing and environmental sustainability [J]. Robotics and computer-Integrated manufacturing, 2007, 23 (6): 704-711.

[8] 贾俊颖. 基于交叉效率 DFA 模型的智能制造企业绩效评价研究 [D]. 哈尔滨: 哈尔滨工业大学, 2017.

[9] SETOYA H. History and review of the IMS (Intelligent Manufacturing System) [C]. 2011 IEEE International Conference on Mechatronics and Automation. 2011.

[10] QIAN J, et al. The Design and Development of an Omni-Directional Mobile Robot Oriented to an Intelligent Manufacturing System[J]. Sensors. 17 (9): 2073.

[11] 朱文博. 基于多人机交互模式的机器人示教系统开发 [D]. 武汉: 华中科技大学, 2018.

[12] MIN L, et al. Research on Intelligent Manufacturing of Low Risk Assembled Building Based on RFID and BIM Technology[J]. Journal of Guangdong Polytechnic Normal University, 2019.

第10章

射频识别在智慧物流和智慧仓储中的应用

供应链是围绕核心企业，对商流、信息流、物流、资金流进行控制，形成的涵盖采购原材料、制成中间产品和最终产品、由销售网络把产品送到消费者手中的网链结构。随着物流行业在我国的兴起，许多物流公司已经崛起并成长为实力强大的公司，如京东物流、顺丰快递、盒马生鲜、圆通快递等，许多物流公司的业务不仅局限在国内，在国外也迅速地展开。物流公司依靠二维码技术并依托发达的交通网络，为国内外用户提供越来越好的服务。但从目前的体验来说，二维码技术越来越难以满足现代物流的需求，射频识别技术的全面应用已经迫在眉睫。射频识别应用的焦点仍然供应链管理上，射频识别对于供应链最大的作用在于赋予了供应链实时的、可视化的、透明化的管理功能（图 10-1）。现代物流需要对大量的货物从生产到运输、仓储以及销售甚至还有质量追溯和废旧物品回收的各个环节采集数据，射频识别能够实时收集货品的动态数据，这些数据包括了环境数据和地理信息数据等辅助数据，因此货物的信息是透明的。实时和精确的信息有助于对供应链中物流和仓储做出及时的安排，因此射频识别提供给供应链的前述功能是具有划时代意义的。

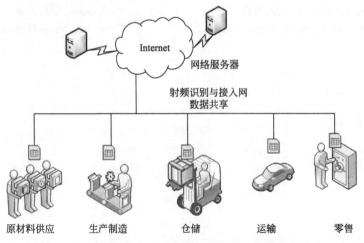

图 10-1　RFID 使供应链实现数据实时、透明和可视化

RFID 技术能够保证表单数据实时地进入到信息系统、物流过程被详细准确地记录、包装拆解、零售信息以及售后信息被有效地查询和追踪。这些技术要求是以往的信息化手段无法满足的，传统的企业供应链管理流程将彻底被打破。我们可以通过一个生产企业的供应链看到这种变化，企业生产出的商品被贴上电子标签后，射频识别技术将介入到整个供应链流程，并实时地发送数据，这些数据被供应链上游和下游企业分享，企业将根据数据来了解市场各方面动态，调整企业的销售策略和生产战略部署[1~3]。

10.1 射频识别与智慧物流

射频识别技术和物联网技术已经影响到科研领域和公司运营。在过去的十几年里，EPCglobal 架构框架是广受关注的物联网技术方法，其本质就是基于商业信息网络构建的基础对"事物"进行独特识别。然而，RFID 项目与其他信息化项目存在激烈竞争，因此为了证明相应投资的合理性需要展示一个更好的商业模式。在实施部署 RFID 之前对项目进行分析，包括成本和收益分析，是非常必要的[4,5]。

最早的现代物流理论出现在美国陆军系统，Baker 最早提出物流的概念——Logistics。美国学者 Shaw 在其著作中明确了物流活动的范围，明确了企业的物流活动，定义了物理性运动为 Physical distribution，标志着物流概念的起源。20世纪 90 年代，物流已经被正式纳入到供应链管理的范畴，提出供应链管理是对生产、流程过程中商品或服务在上下游企业之间的运动进行计划、组织、协调与控制[6~14]。

智慧物流的概念由我国学者于 2009 年提出，是一种依托物联网、大数据、云计算等新一代信息技术、人工智能和现代管理理念，通过协同共享重塑产业分工再造产业结构，实现高效、便捷、绿色的综合性物流服务体系[15,16]。这种全新的物流理论彻底改变了传统物流行业的属性。传统物流是一个典型的劳动力密集型产业，包括了仓储、运输、配送等必要环节，但无一例外的是需要大量的劳动力投入，而智慧物流将现代流水线、现代运输工具与新型的信息化技术结合，具有科技密集型产业的特点[17~21]。

伴随着物流行业的发展，社会资源共享的概念也深深地影响物流行业的发展。基于资源共享的方式，企业或个人能够将闲置的资源通过物流或者信息网络的方式进一步共享，打破传统企业的观念，实现社会分工。这必然会导致社会的深度融合，实现资源重组，闲置资源得到最大化利用。智慧物流能够集中分散的市场和生产力，远程整合社会资源，大幅度降低企业生产的成本，满足消费者的个性化物流需求，促进传统行业的转型升级和高质量发展[22~25]。

智慧物流运作基于现代物联网与人工智能技术，为社会提供更高效、更准确、更及时的物流服务，所以物流活动构成了智慧物流的底层，即物理层。物联网技术构成了数据的感知层，并依赖于人工智能大数据技术构建了数据存储、分析的基础，最终提供给应用层有效的数据分析和决策服务[26~28]。智慧物流的分层结构如图 10-2 所示。

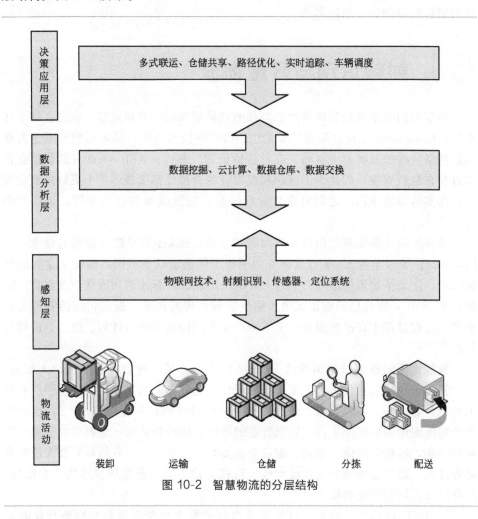

图 10-2　智慧物流的分层结构

(1) 智慧物流的物理底层

该层描述了物流活动必要的环节，由装卸过程、运输过程、仓储过程、分拣和配送过程构成。这些过程可以看作是某项物流任务里的某个子功能，数个子功能构成物流过程。

（2）感知层

感知层是智慧物流的数据汇集入口，对物流活动进行全程的、实时的、可视的、透明的数据采集。感知层依靠射频识别、传感器、条码、GPS等技术，在物流过程的各个环节采集数据，采集的数据分为实时数据和间隔性数据。对于大多数系统来说，采用间隔性数据是减轻网络负载的必要手段。当数据发生改变并触发数据发送事件，数据才通过网络上传，这种数据采集机制被称为订阅机制。感知层需要依靠通信网络对数据进行实时跟踪和反馈。

（3）数据分析层

数据分析依靠云上的服务器，对数据进行存储和计算，针对物流海量数据，依托大数据和人工智能算法，对数据进行规则检测、建模、运算，对海量物流大数据进行过滤、存储、解析和管理，从而为应用层的决策管理提供数据依据。

（4）决策应用层

应用层是为物流相关业务提供公共服务的数据接口，为其他应用或人提供相关业务的服务层。提供业务的对象可能是公司或人，或一个应用，如多式联运、仓储共享、货品实时跟踪、运输车辆调度以及路径优化等。

智慧物流与社会基础服务设施是息息相关的，首先，配套发达的交通网络、物流园区的建设、行业行会的成立、科技服务机构的介入是智慧物流成功实施的关键。其次，互联网，特别是移动互联网的普及也是至关重要的。影响智慧物流的其他重要因素是经济和人才。

10.2 射频识别与智慧仓储

现代商业的现实是所有的竞争优势都是为了保持生存能力，公司必须持续关注当前的能力和为未来建立的新能力。这个过程更新是一项多维度的活动，需要不断追求明显的成本节约机会，例如提高生产效率或降低原材料成本。降低成本不仅在于公司外部，而且在于公司内部的流程和管理，其中重要的是仓储和客户服务。公司与其客户、仓库和客户服务既是重要的成本组成，又是重要的营销组合要素。这些活动需要精确执行达到客户期望的水平。在供应链中，仓库在仓储中扮演着重要的角色，所有实物至少存放在一个仓库中至出售前。物品的合理储存、搬运和运输有助于降低成本和提高服务质量。尽管仓储是供应链管理中的一个独立学科，但研究的目标是简单的：确保客户服务效率，使公司与顾客之间有效交接。这经常展现在许多细节上，客户服务的交付取决于对产品和业务流程的掌握，系统提供的相关信息，及周密的供应链设计。仓储和客户服务直接影响供应商与客户的关系，如对于消费品制造公司，客户是零售业者，许多大型零售商非常重视供应商提供的货物在其内部的成本效益存储。EPCglobal 网络和 RFID 技术利用新型的信息技术和方法提供了许多机会。在过去的 30 年里，条形码等技术对降低仓库成本和提高吞吐量产生了重大影响。然而，作为一名研究人员应注意到，使用条形码已广泛地提高了效率，现在业界正在寻找下一代自动识别和数据捕获的技术，如 RFID 技术（图 10-3）。仓储生产力未来的进展可能来自于收集到的数据，这些数据具有很大的价值。

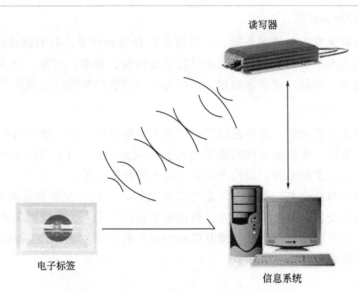

图 10-3　用于支撑智能仓储的 RFID 系统

（1）顾客服务价值

客户服务是供应链的直接输出，包括准时交货和订单准确等活动。营销工作的重要部分是在赚取利润的同时满足客户的需求。消费品和其他商品行业的基本商业模式是：满意的客户会重复购买，因此通过建立一个公认的品牌来获得长期的经济价值。在树立品牌意识方面，产品、价格、促销和地点四个营销要素创造了顾客满意度。前三个对客户满意度的影响是显而易见的，然而，第四个与客户服务和供应链管理有密切关系。四个营销要素对市场的贡献并不相等，在研究中，人们发现产品和地点对顾客满意度的贡献更大。

发现客户服务与市场份额直接相关。考虑到客户服务的重要性，仅将营销力量集中在产品、定价和促销上是一个灾难性的策略。在消费品行业，因为认识到客户服务的价值，许多公司都建立了重要的确定客户服务内容。客户服务是营销组合的重要组成部分，有必要审视应用 RFID 创造更好的信息流来改善前景。

通过自动执行用户常见的手动易出错的任务，公司可以更好地管理他们的供应链，提供更好的客户服务。目前，提高仓储和客户服务的重点是建立、监控和保存过程数据，持续改进计划等。

(2) 自动化仓库操作

如果将无源 RFID 技术应用到自动化仓库中，许多仓储任务就可以实现自动化并有利于加快库存流动，例如，工人核对发货与账单多通过实物计数和手写提货单进行，不仅效率低下而且容易产生错误。RFID 技术可使公司为客户提供更准确的订单服务。如前所述，优质的交付服务将有利于建立客户忠诚度，并可以促成增加利润和提升市场份额。RFID 技术具有在各个层面减少供应链阻力的巨大潜力，可以满足对供应链中产品数据准确性、实时性的需求。自动化仓储射频识别系统的工作流程如图 10-4 所示。

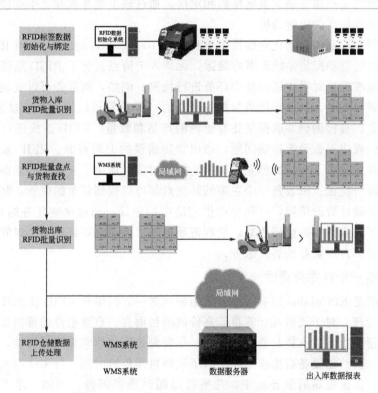

图 10-4　自动化仓储射频识别系统的工作流程

(3) 订单履行中的有效交接

通过查看某公司典型的订单交付流程，可以探索 RFID 对仓储的影响。在运输客户订单的过程中，货物不断地从一个站转移到下一个站，从而建立了移动库存：从配送中心到卡车，从卡车进入货运站，从货运站到另一辆车上，再运输到零售商或零售商的配送中心。在每个转移点，人员都要进行一系列计数和记录工作站任务。其中有两个影响仓库的组件，首先是劳动力成本，因为执行这些任务需要人，这将引入错误风险和因盗窃而遭受损失的风险；其次手动过程会使效率降低从而影响货物的流动，每次工人必须手动检查并记录处理订单的数据会阻碍货物的移动。

利用 RFID 技术，某公司通过一种扫描器实现了货物通过附近的通道（读卡器位于装货码头上）后即可验证装载到卡车或火车中的货物类型和数量，并将结果与生成的装箱单进行比较。如果没有完全匹配，系统可以自动提醒公司配送中心的工作人员注意差异。支持 RFID 的过程消除了手动计数错误和发货错误，这必然会改进客户服务。此外，由于自动识别技术不是必须在直接的视距范围内获取信息，取消了扫描货物的重新排列和定向。通过减少库存或发货手动操作的次数，公司可以提高供应链速度。

基于射频识别的自动化仓储操作流程如图 10-5 所示。通过安装 RFID 系统，公司可以通过自动配货系统准备好装运，无须人工清点。有了 RFID 系统，公司就可以快速准确地对供应链的各个环节进行检测。例如，阅读器可以安装在卡车附近的装货码头上，当叉车把货物搬进卡车时，阅读器可以扫描并记录装载量，订单可以立即被检测到并确保货物有正确的产品和数量。RFID 系统还可以检查出错误单位或错误数量等运输问题，指出货物错误的上游根源。RFID 系统简化了运输过程并减少了支持文档完成订单所需的时间，避免了文档中的东西被错放或遗忘，即时验证。沿着每一个主要的转变点都可以找到订单的位置，制造商因此获得了正确计费的优势，可以协调供应链中的争议。通过这些任务的自动化，企业减少了供应链中的阻碍因素，货物流动更快，从而缩短订单周期时间并实现了更有效的库存和更好的客户服务。

（4）维护备件库存管理

这可能是 EPCglobal 最有前途的应用领域之一，网络和 RFID 技术涉及服务部件库存管理。对于飞机或计算机等高价值项目而言，重要组件的维护备件库存管理对机器一次维护支持起着重要作用。尽管制造商们非常重视可靠性，但在某些情况下，仍然需要备有维修零件。为了限制机器停机时间，许多供应商都有一个缓冲池，保证极高的服务水平，几乎可以随时提供部件。例如，像飞机、轮船、汽车这样的公司由于维修零件通常很贵，因此库存费用与服务水平之间的适当平衡能够在保证客户服务的情况下降低成本。计算维修零件数量的主要依据之一是实时地对部件故障率准确预测。收集部件使用信息以改进预测，对以下应用场景非常有用：产品寿命短，销售水平高，产品在较长时间内销售，季节性产品销售，对高客户服务水平有很高期望、短缺成本高，持有成本低以及收集信息的成本很低。

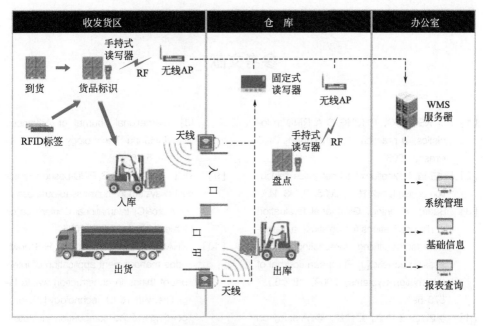

图 10-5　基于射频识别的自动化仓储操作流程

　　从实际的角度来看，以现有的技术进行准确预测通常是不可能实现的。EPCglobal 网络与 RFID 技术承诺提供新的方法用于改进信息服务部件预测。尤其是在机械安装基地和正式维护协议应用的场合，当机器发生故障时，能够及时地提供维修零件。

　　零库存或适量库存是库存管理的关键，尽管目前 RFID 技术在服务中的应用还不多，但是有两个基本应用是很有意义的。第一个就是监控，这也许是与服务相关的 RFID 应用最重要的方面，部件库存管理是一种监控过程，通过巡视库存获取库存的实时状况，对库存的部件进行及时维护；第二个就是数据分析，通过分析对库存短缺提出预警，消除库存中的长期积压状况。

　　假设关键组件包含 RFID 标签，则相应数据可以集成到电子设备中。技术人员可以使用 RFID 阅读器手动扫描机器获得部件安装底座的信息，这些基本信息可用于预测一段时间内可能发生的故障数量，因此可改善预测。有了更好的预测，考虑适当的投资额即可保留满足特定服务级别的历史记录。使用永久固定在客户设施中的读卡器，不仅可以确认安装基座信息，而且可以增加传感器来确定组件的使用时间，并确认其可操作，获取关键组件的实时信息。EPCglobal 网络及其组织序列号可实现唯一标识，将在实现该功能上发挥重要作用。

参考文献

[1] JONES E C, CHUNG C A. RFID in logistics: a practical introduction[M]. CRC Press, 2008.

[2] 臧玉洁. Application of rfid in logistics distribution center[J]. 物流技术, 2005, 3: 43-44.

[3] Baars, Henning, Gille, et al. Evaluation of rfid applications for logistics: a framework for identifying, forecasting and assessing benefits[J]. European Journal of Information Systems, 2009, 18 (6): 578-591.

[4] 李忠红, 王铁宁, 纪红任, 等. A study on applications about the rfid technique in the logistics[J]. 物流科技, 2004, 027 (9): 11-14.

[5] RYUMDUCK O h, JEYH P. A Development of Active Monitoring System for Intelligent RFID Logistics Processing Environment[C]. International Conference on Advanced Language Processing & Web Information Technology. IEEE, 2008.

[6] SUN C L. Application of rfid technology for logistics on internet of things[J]. Aasri Procedia, 2012, 1, 106-111.

[7] DENG H F, DENG W, LI H, et al. Authentication and access control in RFID based logistics-customs clearance service platform[J]. International Journal of Automation & Computing, 2010, (2): 46-55.

[8] ZHONG R Y, LAN S L, XU C, et al. Visualization of rfid-enabled shopfloor logistics big data in cloud manufacturing [J]. International Journal of Advanced Manufacturing Technology, 2016, 84 (1-4): 5-16.

[9] YE L, CHAN H C B. RFID-based logistics control system for business-to-business e-commerce[C]. International Conference on Mobile Business. IEEE, 2005.

[10] ZHANG L, ATKINS A, YU H. Knowledge management application of internet of things in construction waste logistics with RFID technology [J]. proceedings of the combustion institute, 2012, 34 (1): 1739-1748.

[11] BRIAND D, LOPEZ F M, QUINTERO V, et al. Printed Sensors on Smart RFID Labels for Logistics [C]. New Circuits & Systems Conference. IEEE, 2012.

[12] Lele Qin, Huixiao Zhang, Jinfeng Zhang, et al. The application of RFID in logistics information system[C]. IEEE/SOLI IEEE International Conference on Service Operations & Logistics, & Informatics. IEEE, 2008.

[13] 蒋国瑞, 李立伟. 基于 RFID 的制造业物流管理信息系统设计[J]. 物流技术与应用, 2007, 12 (10): 96-99.

[14] FLEISCH E, Jürgen Ringbeck, STROH S, et al. RFID-the opportunity for logistics service provider[J]. M Lab Arbeitsbericht Nr, 2015.

[15] Malte Schmidt, Lars Thoroe, Matthias Schumann. RFID and barcode in manufacturing logistics: interface concept

for concurrent operation[J]. Information Systems Management, 2013, 30 (1-2): 100-115.

[16] Hsin-Pin Fu, Tien-Hsiang Chang, Arthur Lin, et al. Key factors for the adoption of rfid in the logistics industry in taiwan[J]. International Journal of Logistics Management, 2015, 26 (1), 61-81.

[17] YAN Borui. Application and empirical analysis for rfid in logistics systems[J]. value engineering, 2010.

[18] HENNING Baars, SUN Xuanpu. Multi-dimensional Analysis of RFID Data in Logistics[C]. 42st Hawaii International International Conference on Systems Science (HICSS-42 2009), Proceedings (CD-ROM and online), Waikoloa, Big Island, HI, USA. IEEE Computer Society, 2009.

[19] 陈锦斌, 林宇洪, 邱荣祖. RFID 技术在农产品物流系统中应用现状与展望[J]. 物流科技, 2013, 036 (2): 11-13.

[20] Ginters, Egils, Martin-Gutierrez, et al. Low cost augmented reality and rfid application for logistics items visualization[J]. Procedia Computer Science, 26 (Complete), 2013: 3-13.

[21] 姜步周, 徐克林, 陈卫明. 射频识别技术在物流工程中的应用[J]. 柴油机, 2004, (4): 46-48.

[22] 孟宇, 郑春萍. RFID 技术与物流系统的集成[J]. 物流科技, 2008, 31 (11): 38-40.

[23] RUTA M, NOIA T D, SCIASCIO E D, et al. A semantic-based mobile registry for dynamic RFID-based logistics support[C]. International Conference on Electronic Commerce. ACM, 2008.

[24] Lidwien van de Wijngaert, Johan Versendaal, Ren é Matla Business it alignment and technology adoption: the case of RFID in the logistics domain[J]. Journal of Theoretical & Applied Electronic Commerce Research, 2008, 3 (1): 71-80.

[25] 董淑华. RFID 技术及其在物流中的应用[J]. 物流工程与管理, 2012, 34 (7): 50-53.

[26] 王爱玲, 盛小宝, 路胜. 基于 RFID 技术的军械仓库物流管理系统构建研究[J]. 物流科技, 2007, 30 (4): 107-110.

[27] DENG H F, CHEN J B. Design and implementation of business logic components of RFID midware for logistics customs clearance. E-Learning, E-Business, Enterprise Information Systems, and E-Government[C]. International Conference. IEEE Computer Society, 2010.

[28] 贺彩玲, 殷锋社. Rfid 技术在仓储物流行业中的应用研究[J]. 电子设计工程, 2013, 21 (14): 12-14.